U0162150

国家林业和草原局普通高等教育"十三五"规划教材

高等院校园林与风景园林专业实践系列教材

园林花卉应用设计实习指导书

尹　豪　郝培尧　董　丽　主编

中国林业出版社

China Forestry Publishing House

内 容 简 介

本教材是"'十二五'普通高等教育本科国家级规划教材"《园林花卉应用设计》（第4版）的配套实习指导书，共分为8个部分，从实践的角度出发，对园林花卉的应用类型、特点、设计原则和实施要点分别进行较为细致的介绍，内容的编排从传统应用形式到新兴植物应用技术，从单一类型植物的运用到多类植物的综合应用，从露地环境的植物应用到室内空间的绿化设计，循序渐进地引导学生理解和掌握园林花卉的应用要点。本教材以园林花卉应用类型为主题划分章节，每个主题下又依照实习目的细分为多次实习，同时还附有部分优秀应用设计的实例，便于学生充分理解实习内容并掌握相关设计原则和在实际项目中的应用。每个实习指导后有相应的作业要求，帮助学生通过实地测量、植物调查、图纸绘制、报告撰写等方式加强对实习内容的理解记忆。

本教材适用于普通高等院校园林和风景园林专业的学生，也可供相关设计人员参考。

图书在版编目（CIP）数据

园林花卉应用设计实习指导书 / 尹豪，郝培尧，董
丽主编 . -- 北京 : 中国林业出版社，2022.9（2024.12 重印）
国家林业和草原局普通高等教育"十三五"规划教材
高等院校园林与风景园林专业实践系列教材
ISBN 978-7-5219-1727-7

Ⅰ . ①园… Ⅱ . ①尹… ②郝… ③董… Ⅲ . ①园林植
物—景观设计—高等学校—教材 Ⅳ . ① TU986.2

中国版本图书馆 CIP 数据核字（2022）第 105524 号

中国林业出版社·教育分社

策划编辑：康红梅　田　娟　　　责任编辑：田　娟　　　责任校对：苏　梅
电　　话：83143634　83143551　　传　　真：83143516

出版发行　中国林业出版社（100009　北京市西城区刘海胡同 7 号）
　　　　　E-mail：jiaocaipublic@163.com　电话：（010）83143500
　　　　　http://www.forestry.gov.cn/lycb.html
印　　刷　北京中科印刷有限公司
版　　次　2022 年 9 月第 1 版
印　　次　2024 年 12 月第 2 次印刷
开　　本　787mm×1092mm　1/16
印　　张　6
字　　数　143 千字
定　　价　40.00 元

《园林花卉应用设计实习指导书》
编写人员

主　　编　　尹　豪　郝培尧　董　丽

编写人员　　（按姓氏拼音排序）

董　丽　范舒欣　郝培尧

胡　楠　李　慧　李冠衡

王美仙　尹　豪

前　言

　　园林植物是园林景观的重要组成部分，与地形、水体、建筑等要素共同构成了丰富多样的景观形式。现代社会，由于人口迅速增长、高度工业化以及城市化进程加速，园林植物的美化、生态、经济等综合效益得到越来越多的关注，尤其花卉应用设计成为园林景观营建的重要方面。作为景观表达的主要手段，如何合理地运用花卉植物材料达到美化环境、提高生态效益、组织空间等目的则成为园林、风景园林专业学生需要学习和掌握的必备技能。

　　目前，全国多所高校已经开设园林花卉应用设计相关课程，但迄今为止尚未出版围绕课程内容的实习指导教材。因此，作为"'十二五'普通高等教育本科国家级规划教材"《园林花卉应用设计》（第4版）的配套实习指导书，本教材的编写以课程实习为核心，希望通过相关基础理论和操作重点的梳理为学生的实习课程提供参考和帮助。

　　本教材共分为8个部分，从实践的角度出发，对园林花卉的应用类型、特点、设计原则和实施要点分别进行较为细致的介绍，内容的编排从传统应用形式到新兴植物应用技术，从单一类型植物的运用到多类植物的综合应用，从露地环境的植物应用到室内空间的绿化设计，循序渐进地引导学生理解和掌握园林花卉的应用要点。

　　本教材以园林花卉应用类型为主题划分章节，每个主题下又依照实习目的细分为多次实习，同时还附有部分应用设计的优秀实例，便于学生充分理解实习内容并掌握相关设计原则和在实际项目中的应用。每个实习指导后有相应的作业要求，帮助学生通过实地测量、植物调查、图纸绘制、报告撰写等方式加强对实习内容的理解记忆。本教材适用于普通高等院校园林和风景园林专业的学生，也可供相关设计人员参考。

　　本教材由北京林业大学尹豪、郝培尧、董丽担任主编，董丽负责教材内容策划及大纲编定，尹豪负责统稿。具体编写分工如下：Ⅰ 花坛，尹豪、范舒欣；Ⅱ 花境，尹豪、王美仙；Ⅲ 园林地被，王美仙、李慧；Ⅳ 屋顶花园，郝培尧；Ⅴ 室内绿化，尹豪、郝培尧；Ⅵ 园林立体景观，郝培尧、胡楠；Ⅶ 水生植物景观，郝培尧；Ⅷ 专类园，尹豪、李冠衡。

　　本教材编写历经数年，北京林业大学多届研究生参与了书稿的文字整理和图纸绘制工作，在此致以诚挚的谢意。冯沁薇、蒯惠、黄裕霏、沈晓萌、谢婉月、谢潇萌、杨靖、曾筱雁参与了具体章节的文字整理工作，后期的文稿整理阶段彭蕾承担了部分工作，王颂松、盖艺方修饰完善了部分插图。

　　由于编者认识所限，书中难免有疏漏和错误之处，欢迎各位读者斧正。

编　者

2022 年 5 月

目 录

I 花坛

花坛（flower bed）是园林花卉应用设计的一种重要形式，其类型丰富多样，适用于各种绿化场合，深受人们喜爱。花坛最初的含义是在具有几何形轮廓的植床内种植各种不同色彩的花卉，运用花卉的群体效果来体现图案纹样，或观赏盛花时绚丽景观的一种花卉应用形式。它以突出鲜艳的色彩或精美华丽的纹样来体现装饰效果。

虽然在我国古代就有将一种花卉集中布置在规则式花台中的应用，然而现代城市中通过不同花卉种类组合集中展示花卉群体色彩美的布置方式主要还是源自西方。西方最初的实用性园圃就是在规则式的种植床中栽植蔬菜和药草，这种规则式的种植床有利于栽种和除草等管理措施的实施，更为重要的是便于引渠灌溉。这种形式后来演化成为西方规则式园林，其内部各种植物的种植遵循严格的几何对称式的布局规则，也自然成为后来盛行的花坛渊源。

在中国近代，沿海一些城市园林由于受到西方文化渗入，逐渐出现各种花坛的形式，尤其是几何图形的纹样花坛。新中国成立后，随着城市绿化的发展，花坛渐渐成为园林绿化不可或缺的内容。20世纪80年代以后，花坛的形式与我国传统艺术和技术相结合，有了前所未有的发展和创新，成为园林植物景观的重要组成部分。

伴随着我国城市园林的发展，花坛的样式由平面布置发展到斜面、大体积以及活动式等多种类型，在植物材料的选择上也更加丰富。花坛可以理解为能够广泛运用在不同环境中，在具有一定轮廓的区域内摆放或栽植观赏期一致的不同类型植物，并通过鲜艳华丽的色彩及纹样作为主景或点缀来突出景观效果的园林应用形式。

实习1　花坛应用类型及常用植物材料调查

随着花坛在城市绿化中重要性的提升，立体花坛、模纹花坛、盛花花坛等多种花坛形式得到了广泛应用。但同时人们对其期望值也越来越高。例如，立体花坛的造型已不满足于过去简单的花柱、花树形态，而追求更复杂的图案和形象。同时，花坛文化艺术的内涵也尤为重要，人们在欣赏立体花坛时，不仅要看它是否美，还会关注它有何立意，因此，文化艺术内涵成为花坛设计时需要考虑的关键性因素。此外，城市承办的高级别博览会及奥运会、亚运会等重大赛事活动进一步拓展了花坛的应用范围。

植物材料是花坛重要的设计要素。花坛主要表现的是花卉群体组成的图案纹样或华丽的色彩，多以时令性花卉为主体材料，随季节进行更换，以保证最佳的景观效果。气候温暖地区也可用终年具有观赏价值且生长缓慢、耐修剪、可以组成美丽图案纹样的多年生花卉及木本花卉组成花坛。因此，设计师必须全面了解植物的特性，合理选择植物，保证不同植物材料花期交替与株型高低的合理搭配。

一、实习目的

了解立体花坛的基本类型、应用形式与常用植物材料的应用特点。

二、实习工具

相机、纸笔。

三、实习内容和要求

1.掌握花坛基本类型

区分花坛基本类型，了解每个花坛类型的造型特点、规模大小、色彩特点。依据表现主题、布置方式及空间形式等不同，花坛有不同的类型。

依据花坛表现主题的不同进行分类，有花丛式花坛（盛花花坛）、模纹式花坛、标题式花坛、装饰物花坛、立体造型花坛、混合式花坛、造景式花坛。

依据花坛布局方式的不同进行分类，有独立花坛、花坛群、连续花坛群。

依据花坛空间形式的不同进行分类，有平面花坛、斜面花坛、高设花坛（花台）、立体花坛。

依据花坛中花卉栽植方式的不同进行分类，有地栽花卉花坛、盆栽花卉花坛、移动式花坛（花钵）。

2.熟悉花坛应用形式

结合实例，总结花坛在室外（街头绿地、广场、庭园、公园）和室内（大型宾馆、展会）的应用方式，以及应用时间（节假日、赛事庆典、欢迎式等）和持续时间。

3.认知花坛植物材料

调查了解不同花坛类型常用的植物材料。

（1）盛花花坛的主体植物材料：盛花花坛主要由一、二年生花卉以及开花繁茂的宿根花卉和球根花卉组成。要求株丛紧密，整齐；开花繁茂，花色鲜明艳丽，花序呈平面开展，开花时见花不见叶，高矮一致；花期长而一致，如一、二年生花卉中的三色堇、雏菊、百日草、万寿菊、金盏菊、翠菊、金鱼草、紫罗兰、一串红、鸡冠花等，宿根花卉中的小菊类、荷兰菊等，球根花卉中的郁金香、风信子、美人蕉、大丽花的小花品种等都可以用作花丛花坛的布置。

（2）模纹花坛及造型花坛的主体植物材料：由于模纹花坛和立体花坛需要长时期维持图案纹样的清晰和稳定，因此，宜选择生长缓慢的多年生植物（草本、木本均可），且以植株低矮、分枝密、发枝强、耐修剪、枝叶细小为宜，最好高度低于10cm，尤其毛毡花坛以观赏期较长的五色苋类观叶植物最为理想，花期长的四季秋海棠、凤仙类也是很好的选材。株型紧密低矮的雏菊、景天类、细叶百日草等也可选用。

（3）适合作花坛中心的植物材料：多数情况下，独立式花丛花坛常用株型圆润、花叶美丽或姿态美丽规整的植物作为中心，常用的有橡皮树、大叶黄杨、加那利刺葵、棕竹、苏铁、散尾葵等观叶植物，或叶子花、含笑、石榴等观花或观果植物，作为构图中心。

（4）适合用于花坛边缘的植物材料：花坛镶边植物材料与用于花坛边缘的植物材料具有同样的要求，多要求低矮，株丛紧密，开花繁茂或枝叶美丽，稍微匍匐或下垂更佳，如半支莲、雏菊、三色堇、垂盆草、香雪球、银叶菊等。盆栽花卉花坛对遮挡容器要求较高，下垂的镶边植物可以遮挡容器以保证花坛的整体性和美观，如垂盆草、肾蕨、常春藤等。

4.总结花坛植物材料的基本特征

①主要由一、二年生或多年生草本，球根、宿根花卉及低矮色叶花灌木组成；
②以枝叶细小、植株紧密、萌蘖性强、耐修剪的观叶观花植物为主；
③应选用花期一致、花朵显露、株高整齐、叶色和叶形协调，容易配置的种类；
④花坛花卉植株宜选择适应性强，生物学特性符合当地立地条件的品种；
⑤配置上应具有季相变化，并突出重点景观。

四、作业要求

1.撰写花坛应用类型报告，结合实地调研结果总结常见花坛类型及其应用特点。
2.列出常用花坛植物材料名录，整理总结花坛植物材料种类、应用形式与特点。

实习2　立体花坛造型测绘

国际立体花坛委员会将立体花坛定义为由一、二年生或多年生植物进行多组立体组合而形成的艺术造型，它代表一种形象、物体或信息，包括二维和三维两种形式。立体花坛具有较高的艺术欣赏价值，可有效地利用垂直空间提高绿化量，符合城市园林绿化发展的要求，是近年来花卉应用发展的主要形式。

立体花坛造型需要注意的主要问题如下：

①设计造型需简洁大方，在施工技术可达范围内丰富细节内容；

②主要表现花卉群体组成的图案纹样或华丽的色彩，不在于突出花卉个体的形态美；

③立体花坛多以时令花卉为主题材料，需要随季节更换。

一、实习目的

通过对立体花坛实例的测绘，了解立体花坛的基本组成要素、外在特征，从而深入理解立体花坛的设计要点。

二、实习工具

绘图板、绘图笔、相机、皮尺、激光测距仪。

三、实习内容和要求

1. 调查立体花坛布置的环境特征

了解立体花坛布置的场地特征，广场或主要出入口的空间环境特点，立体花坛布置的位置、尺度，以及与场地环境产生的视觉空间关系。

2. 领会立体花坛的主题与创意

理解立体花坛的立意主题、文化表达和概念创意的基本手段。

3. 掌握立体花坛造型

对花坛平面及立面进行测绘，掌握立体花坛的基本尺寸关系，理解立体造型部分和平面造型部分的组成关系，并在图上标注植物材料的种类、色彩和规格（表2-1）。了解植物材料表现立体花坛细节的方法。

表 2-1 植物材料调查统计表

序 号	中文名	学 名	色 彩	盆径（cm）	株高（cm）	用 法
1	五色苋	*Alternanthera bettzickiana*	褐红色	10	10	模纹花坛、立体花坛
...						

四、作业要求

1. 绘制花坛总平面图，比例尺 1∶1000/1∶500，能够详细反映花坛所处场地周围的基本情况，包括与树木、建筑、道路之间的关系。

2. 绘制花坛设计平面图，比例尺 1∶100/1∶50，标注尺寸、植物材料及非植物材料的名称。

3. 绘制花坛设计立面图，比例尺 1∶100/1∶50，准确反映花坛的形体特征，标注花坛主要部分的高度、植物材料。

4. 阐释对花坛的立意主题、文化表达、概念创意的理解。

五、实例

以北京植物园公园入口立体花坛为例（表 2-2、图 2-1）。

表 2-2 公园入口立体花坛植物材料表

序 号	植物名称	学 名	株高（cm）	花色/叶色	花 期
1	蒿蒿菊	*Argyranthemum frutescens*	50	黄	4～6月
2	一串红	*Salvia splendens*	50	红	5～10月
3	角堇	*Viola cornuta*	20	白	4～6月
4	四季秋海棠	*Begonia semperflorens*	10	玫红	4～10月
5	常夏石竹	*Dianthus plumarius*	30	紫红	5～10月
6	'胭脂红'景天	*Sedum spurium* 'Coccineum'	20	深粉	5～9月
7	美女樱	*Verbena hybrida*	50	粉	5～11月
8	佛甲草	*Sedum lineare*	20	叶黄绿	—
9	五色苋	*Alternanthera bettzickiana*	20	叶紫红	—
10	绵毛水苏	*Stachys byzantina*	20	叶银灰	—
11	叶子花	*Bougainvillea spectabilis*	80	紫红	4～5月
12	散尾葵	*Chrysalidocarpus lutescens*	160	金黄	4～5月

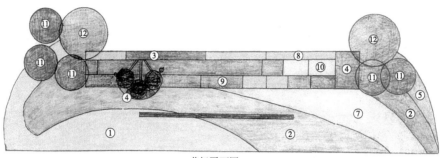

花坛平面图

花坛南面图

北

0 0.5 1   2m

① 茼蒿菊　　　⑤ 常夏石竹　　　⑨ 五色苋
② 一串红　　　⑥ '胭脂红'景天　⑩ 绵毛水苏
③ 角堇　　　　⑦ 美女樱　　　　⑪ 叶子花
④ 四季秋海棠　⑧ 佛甲草　　　　⑫ 散尾葵

设计说明：
该花坛位于北京植物园西南门，以"绿色生活，美丽家园"为主题。该花坛色彩丰富、主题鲜明、富有层次，由盛花花坛和立体花坛构成：盛花花坛由茼蒿菊、一串红、美女樱、常夏石竹等花材构成条带状的斑块，布置方式较为整齐；立体花坛的构图饱满而层次丰富，以五色苋、绵毛水苏、佛甲草等形态低矮整齐的花材紧密排列构成房子、气球、儿童等造型，与花坛主题相契合。

花坛东立面图

图 2-1　公园入口立体花坛测绘图纸（贺娱　绘）

实习 3　立体花坛施工技术

立体花坛施工技术复杂，体现了艺术性和科学性的高度统一，集钢骨架结构造型、园艺花卉生产装配、喷灌系统安装、照明设施安置等各工种于一体。施工技术包括骨架的加工、现场的花卉组装、后期维护等程序。同时，立体花坛布置必须严格按照规范操作，保证安全性。

一、实习目的

了解立体花坛的基本构造与结构特点。

二、实习工具

手套、脚手架、皮尺、激光测距仪、白喷漆或粉笔、水平尺。

三、实习内容和要求

1. 了解立体花坛骨架制作

了解立体花坛钢骨架的基本结构特点、受力特征、底座配重与造型骨架之间的关系。

例：2011 年香港维多利亚公园花展的"岭南毓秀"立体花坛骨架采用 4cm × 4cm、3cm × 3cm 或 2cm × 2cm 的角铁与主骨架连接，角铁与角铁距离 20 ～ 30 cm，再用直径 0.5 ～ 1 cm 的钢筋和铁网造型。

2. 了解立体花坛植物材料安装技术

（1）栽植密度、株行距：了解立体花坛常用植物适宜的栽植密度和株行距。

例：五色苋'小叶红'，株行距 3 ～ 4 株 /cm，栽植密度 350 ～ 400 株 /m²。佛甲草'白草'（*Sedum lineare* 'Albamargina'），株行距 2 ～ 3 株 /cm，700 ～ 800 株 / m²。

（2）栽后修剪，花纹图案表现与修剪的关系：注意观察栽后修剪的过程，学习修剪的技术要点，理解修剪对于花纹图案表现的作用。

3. 观察、了解立体花坛施工流程

观察、了解立体花坛的施工流程。

（1）施工前准备：立体花坛施工前应制订施工组织方案，根据设计图和植物材料清单合理安排专业电工、焊接工、技术工人到现场勘探，做好施工组织计划。

（2）立体构架制作：了解立体构架制作的切割、焊接等技术。

（3）喷淋系统安装：立体构架安装完成后，根据立体构架的大小和高度安装供水系统，可安装喷淋、滴灌或渗灌，要考虑水压大小能否供水至立体部分的顶部，安装完成后进行水压试验。如水压不足，要加装增压装置，保证立体部分顶端水分供应。

（4）种植层或花架制作：完成构架供水系统的安装后，可以对构架进行造型、扎网，制成种植层或摆放花卉的层架。

（5）立体部分种植：栽植密度要求均匀一致，栽植深度依据植物材料种类、规格确定；植物根系应与填充基质紧密结合并减少根系损伤；栽植完毕后，按照造型轮廓将植物材料进行修剪定型。

（6）平面部分布置：根据设计图纸进行平面花卉布置，平面布置花色不宜超过5种。花卉布置面积大小要与立体部分大小相协调。平面直径或宽度应为立体部分高度3～4倍。

（7）养护管理：为确保立体花坛有较长的观赏期，必须加强立体花坛后期综合养护，主要包括水肥管理、植物修剪、病虫害防治、生长和花期调控。

四、作业要求

1. 撰写立体花坛施工技术实习报告，结合实地调研案例阐释对立体花坛施工技术的理解。

2. 绘制立体花坛骨架简图，比例尺1∶50，能够基本反映立体花坛骨架结构的平面图和立面图。

II 花境

花境（flower border）是模拟自然界林地边缘地带多种野生花卉交错生长的状态，经过艺术设计，将多年生花卉为主的植物以平面上斑块混交、立面上高低错落的方式，种植于带状的园林地段而形成的花卉景观。花境是园林中从规则式构图到自然式构图的一种过渡的半自然式带状种植形式，以表现植物个体所特有的自然美以及它们之间自然组合的群落美为主题。

花境是源自于欧洲的一种花卉种植形式。在早期的欧洲园林中，宿根花卉的布置方式主要以围在草地或者建筑的周围呈狭窄的花缘式种植为主。直到 19 世纪后期，在英国著名园艺学家威廉姆·罗宾逊（William Robinson，1838—1935）的倡导下，自然式花园受到推崇。格特鲁德·杰基尔（Gertrude Jekyll）则打破植物从后到前依次变低的规则式种植，在花境中创造出高低错落、更为自然的效果，在欧洲受到普遍欢迎。随着历史的发展，如今花境的形式和内容发生了许多变化，用于花境的植物种类越来越多，但花境基本的设计思想和形式仍被传承下来。近年来，我国已逐渐重视花境的应用，以北京、上海、杭州等大中城市应用较多，并呈逐年增多的趋势，主要应用于各类公园及街头绿地中，以宿根花境、混合花境为主。

实习4　花境植物材料认知及物候观测

　　观赏性是花境花卉的重要特征。通常要求花境花卉开花期长或花叶兼美，种类的组合上应考虑立面与平面构图相结合，株高、株型、花序形态等变化丰富，有水平线条与竖直线条的交错，从而形成高低错落有致的景观。植物种类构成还需色彩丰富、质地有异、花期具有连续性和季相变化，从而使得整个花境花卉在生长期次第开放，形成优美的群落景观。因此，设计师对于花境植物材料的熟练掌握非常重要。

　　植物的物候期是指植物的生长、发育等规律对节候的反应时期。了解各种花境材料在不同物候期中的习性、姿态、色彩等景观效果的季节变化，才能通过合理的配置使各植物材料之间的绿期、花期、果期相互衔接，达到四时有景的效果，提高花境景观的质量。

一、实习目的

　　掌握花境中常用的植物材料，并对其物候习性有所了解。

二、实习工具

　　相机、卷尺、纸笔等。

三、实习内容和要求

　　1. 识别花境植物材料的种类（以北京为例）

　　（1）宿根花卉：是花境的主体花材，将宿根花卉按照花色分为白色、黄色、红色、蓝色、杂色及多色等。

　　①白色系花　'白花'荷包牡丹、大滨菊、钓钟柳、肥皂草、紫松果菊、假龙头等。

　　②黄色系花　'皇冠'蓍草、大花金鸡菊、金光菊、毛果一枝黄花等。

　　③红色系花　芍药、千叶蓍、美丽飞蓬、宿根天人菊、宿根福禄考、火炬花、落新妇、红花钓钟柳、美国薄荷、千屈菜、紫松果菊、八宝景天等。

　　④蓝色系花　林荫鼠尾草、'六座大山'荆芥、西伯利亚鸢尾、'初恋'桔梗、蓝盆花、风铃草、'皇家蜡烛'婆婆纳、藿香、荷兰菊等。

　　⑤杂色　蜀葵、萱草、耧斗菜等。

　　（2）观赏草：其姿态轻盈，叶色丰富，花序飘逸，极显自然野趣之美，即使在萧条的秋季，也能带来无限生机，而且多数观赏草对生境有较强的适应性。

　　在应用观赏草时，可从植物外轮廓将它们分为<u>丛生观赏草</u>、<u>匍状观赏草</u>和<u>直立型观赏草</u>三种类型。丛生观赏草具有从植物的轴心长出的针形直立叶片，如<u>蓝羊茅</u>；匍状观赏草具有从植株中部辐射长出的弧形叶片，如<u>狼尾草</u>；直立型观赏草指叶片强直，植株常呈圆柱状，如柳枝稷。

观赏草的叶色多样，主要有蓝色叶、紫红色叶、银叶及花叶、绿色叶等。

①蓝色叶观赏草　蓝羊茅等。

②紫红色叶观赏草　红狼尾草、血草等。

③银叶及花叶观赏草　'银边'芒、玉带草、'斑叶'芒等。

④绿色叶观赏草　狼尾草、细茎针茅、拂子茅等。

（3）灌木：观花、观叶、观干灌木的观赏期长，特点鲜明，养护和投入成本低，景观持续性强。除观赏特征外，灌木还是花境中最优良的骨架植物，适用于花境中的灌木生长速度不应过快，以保证相对稳定的景观。

①观叶灌木　'金叶'莸、金叶女贞、'金叶'接骨木、'花叶'锦带、'金叶'风箱果、紫叶小檗等。

②观干灌木　棣棠、红瑞木等。

③观花灌木　迎春花、醉鱼草、凤尾兰等。

（4）一、二年生花卉：因其季节性强，其中一些种类观赏期较长，景观价值高，可作为花境的镶边植物、独特花头及竖线条植物应用，增加季节性的色彩感。

①镶边植物　白晶菊、彩叶草、美女樱等。

②独特花头植物　海石竹、醉蝶花、千日红、矢车菊等。

③竖线条植物　一串蓝、金鱼草、毛地黄等。

2. 花境植物材料的物候期观测

（1）观测目标与地点的选定：

①各小组按照统一的植物材料名录，从观测的花境地块中选取生长发育正常的植物材料作为观测植株；

②观测植株选定后应做好标记，并绘制平面位置图存档。

（2）观测时间与方法：

①可根据观测目的要求和所选择植物材料的观赏特性决定间隔时间的长短，一天中一般宜在气温较高的下午观测；

②灌木材料应选向阳面的枝条或上部枝；

③应靠近植株观察各发育期，不可粗略估计进行判断。

（3）观测项目与特征：

①发芽期　分别记录植株发芽的萌芽期和展叶期。

萌芽期：地下芽出土至地面芽变绿，为萌芽期。

展叶期：植物的芽出现1～2片的展平叶片，为展叶期。

②花期　分别记录植株开花相关的蕾期、开花初期、开花盛期、开花末期、二三次开花期。

蕾期：出现花蕾或花序的雏形，为蕾期。

开花初期：在选定观测的同种植物中，首次见到个别植株上有5%的花瓣完全展开时为开花始期。

开花盛期：在选定观测的同种植物中，有10%以上的植株花蕾都展开花瓣，为开花盛期。

开花末期：在选定观测的同种植物上残留约10%的花时，为开花末期。

二三次开花期：植物在夏天或初秋出现第二次或第三次开花的现象。

③果期　分别记录植株结果的周期。

幼果出现期：见子房开始膨大时，为幼果出现期。

果实生长周期：选定幼果，定期观察其生长情况，直到成熟脱落为止。

果实或种子成熟期：当观测植株中有一半的果实或种子变为成熟色时，为果实或种子成熟期。

脱落期：一是开始脱落期，见成熟种子开始散布或连同果实脱落；二是脱落末期，成熟种子连同果实基本脱完。

④枯黄期　分别记录植株枯黄的时期。

枯黄初期：个别植株茎叶开始枯黄，为枯黄初期。

枯黄盛期：有50%以上的植株茎叶枯黄，为枯黄盛期。

枯黄末期：有90%以上植物茎叶枯黄，为枯黄末期。

其中，植物的枯黄是指秋冬季节植物的自然枯黄，不包括因夏季大旱或病虫危害等非自然枯黄落叶情况。

四、作业要求

1. 编写花境植物材料统计表，记录花境中植物材料的种类和观赏特征。

2. 花境物候观察实习报告，3～5人一组，每组选择两处不同类型的花境进行物候观察，并填写花境物候观察记录表（表4-1），完成实习报告（物候观测应按时进行，随看随记，不应凭记忆或事后补记；根据不同种植物的发育阶段情况，开花期每天观测一次，叶变色、果实种子成熟和落叶期应每两天观测一次）。

表 4-1　花境物候观察记录表

观察日期：　　　观测点位置：　　　北纬：　　　东经：　　　海拔：　　　观察员：

植物名称	发芽期		花　期					果　期				枯黄期		
	萌芽期	展叶期	蕾期	开花初期	开花盛期	开花末期	二三次开花期	幼果出现期	果实生长周期	果实或种子成熟	脱落期	枯黄初期	枯黄盛期	枯黄末期

实习5　花境设计形式及设计要点

花境可用于公园、风景区、街心绿地、家庭花园及林荫路旁。它是一种带状布置方式，适合沿周边设置，或充分利用园林绿地中路边、水边等带状地段。由于它是一种半自然式的种植方式，极适合布置于园林中建筑、道路、绿篱等人工构筑物与自然环境之间，起到过渡作用。不同场地空间对花境的景观要求不同。

花境内部的植物配置是自然式的斑块混交，立面上高低错落有致，其基本构成单位是花丛，每丛内同种花卉集中栽植，不同花丛呈斑块混交。花境内的植物配置有季相变化，每季均有3～4种花为主基调开放，形成鲜明的季相景观。花境以多年生花卉为主，一次栽植，多年观赏，养护管理较为简单。

一、实习目的

了解花境的不同类型，以及适合应用的场地空间，掌握花境的形态特征及设计要点。

二、实习工具

相机、卷尺、纸笔等。

三、实习内容和要求

1. 熟悉花境的类型

（1）按照观赏角度分类：

①单面观花境　传统的应用设计形式，多是临近道路设置，并常以建筑、矮墙、树丛、绿篱为背景，前面为低矮的边缘植物，整体上前低后高，仅供一面观赏。

②双面观花境　多设置在道路、广场和草地的中央，植物种植总体上以中间高两侧低为原则，可供两面观赏。

③对应式花境　在园路轴线的两侧、广场、草坪或建筑周围，呈左右二列式相对应的两个花境，在设计上作为一组景观统一考虑。

（2）按照花境所用植物材料分类：

①草花花境　所用植物材料全部为草花，包括一、二年生草花花境、宿根花卉花境、球根花卉花境以及观赏草花境。

②灌木花境　植物材料以灌木为主，多为观花、观叶或观果且体量较小的灌木为主。

③混合式花境　以小型灌木及各类多年生花卉为主配置而成的花境，是园林中最常见的花境布置形式。

（3）按照花境颜色分类：

①单色系花境　整个花境由单一色系的花卉组成，通常种植同一色系但饱和度、明暗度不同的花卉。

②双色系花境　整个花境以两种色系的花卉为主构成，通常采用呈对比色系的两种颜色的花卉构成。

③多色系花境　由多种颜色的花卉组成的花境，是最常见的花境类型。

2. 熟悉花境应用的场地类型

（1）建筑物基础栽植的花境：以建筑立面作为背景的单面观花境，墙面的特点对花境的景观效果有着直接的影响。

在挡土墙前设置的花境，一般以墙基上种植的攀缘植物或于墙基之上栽植的蔓性植物形成花境的背景。

（2）道路旁的花境：

①在道路的一侧设置的花境，一般为单面观花境；

②在道路的两侧设置一组单面观对应式花境，应与背景或行道树形成构图整体；

③在道路中央设置一列双面观花境，道路两侧为草地或行道树，此类花境除灌木花境外，高度应不高于人的视线；

④道路中央的双面观花境作为主景，两侧道路再各设置一个单面观花境作为配景，两个单面观花境应视为对应演进式花境，在构图上要整体考虑。

（3）与绿篱和树墙相结合的花境：在各种绿篱和树墙基部设置的花境，采用绿色的背景使花境色彩充分表现，而多彩的花境又活化了单调的绿篱或树墙。

（4）草坪花境：即在宽阔的草坪上、树丛间设置的花境。宜设置成双面观花境，可丰富景观、组织游览路线。通常在花境两侧辟出游步道，以便观赏。

（5）庭园花境：即在家庭花园或其他场合的小花园（如宿根花卉的专类花园）中设置的花境，通常在花园周边设置，还可结合游廊、花架、栅栏、篱笆等设置。

3. 掌握花境的设计要点

（1）种植床的设计要点：

①种植床的形态　花境的种植床一般为带状，两边是平行或近于平行的直线或曲线。单面观花境植床的后边缘线多采用直线，前边缘线可为直线或自由曲线。双面观花境的边缘基本平行，可以是直线，也可以是流畅的自由曲线。

②种植床的大小与间距　长轴的长度不限，但一般分为几段设计，每段长度以不超过20m为宜，段与段之间可留1～3m的间歇地段。

短轴的长度，单面观混合花境为4～5m；单面观宿根花境为2～3m；双面观花境为4～6m。较宽的单面观花境的种植床与背景之间可留出70～80cm的小路，既便于管理，又有通风作用，并能防止做背景的乔木和灌木根系侵扰花卉。

（2）背景与边缘设计：

①背景设计　以绿色的树墙或较高的绿篱为背景；以园林中装饰性的围墙为背景；以

建筑物的墙基及各种栅栏为背景。可在背景前选种高大的绿色观叶植物或攀缘植物，形成绿色屏障。

②边缘设计 高床边缘可用自然的石块、砖头、碎瓦、木条等垒砌而成。平床多用低矮植物镶边，以 15～20cm 高为宜。双面观花境两边均需栽植镶边植物，而单面观花境通常在靠近道路的一侧种植镶边花卉。镶边花卉一般为多年生草本花卉或常绿矮灌木，要求四季常绿或生长期均能保持美观，最好为花叶兼美的植物，如马蔺、酢浆草、葱兰、沿阶草、锦熟黄杨等。若花境前面为园路，边缘也可用草坪带镶边，宽度 ≥ 30cm。若要求花境边缘分明、整齐，还可以在花境边缘与环境分界处挖沟，埋设金属或塑料条板，防止边缘植物侵漫路面或草坪。

（3）平面与立面设计：

①平面设计 对花境进行平面设计时，应以花丛为单位形成自然斑块状的混植，每斑块为一个单种的花丛。通常一个设计单元（如20m）以5～10种植物材料自然式混交组成。

各花丛在平面上的大小应有变化。一般花后叶丛景观效果较差的植物种植面积宜小些。可把主花材植物分为数丛种植在花境不同位置，并在花后叶丛景观差的植株前方配置其他花卉给予弥补。

对于长轴长度过长的花境，可设计一个演进花境单元进行同式重复演进或两三个演进单元交替重复演进。

②立面设计 应充分利用植株的株型、株高、花序及质地等观赏特性，做到植株高低错落有致、花色层次分明，创造出丰富美观的立面景观。

植株高度 宿根花卉花境一般均不超过人的视线。总体上是单面观花境前低后高，双面观花境中央高、两边低，但整个花境中前后应有适当的高低穿插和掩映，才可形成自然丰富的景观效果。

株型与花序 根据花卉的枝叶与花或花序构成植株的整体外形，可把植物分成水平形、直线形及独特形三大类。水平形植株形态浑圆，开花较密集，多为单花顶生或各类头状和伞形花序，并形成水平方向的色块，如八宝、蓍草、金光菊等。直线形植株耸直，多为顶生总状花序或穗状花序，形成明显的竖线条，如火炬花、一枝黄花、大花飞燕草、蛇鞭菊等。独特形兼有水平及竖向效果，如大花葱、石蒜、百合等。花境的立面设计最好兼具这三类植物的搭配。

植株的质感 花卉的枝叶花果具有粗糙或细腻的不同质感，植物搭配时也要考虑质地的协调和对比，合理使用各种质感的植物材料。

四、作业要求

1.绘制花境平面测绘图，分组观察不同场地空间类型的花境，选取两处不同场地类型中的花境进行平面测绘。

2.完成花境植物名录表，列表记录花境中所选用的植物材料，包括植物材料的中文名、学名、高度、色彩、质感、应用方式等。

实习6　花境施工技术及养护管理

花境是一个模拟自然的植物群落，由于植物种类繁多且形态差异大，给施工带来一定难度。种植者要全面了解设计图纸、设计要求以及植物材料的习性，才能在种植时准确表达花境的设计意图并达到预期的效果。同时，花境营造后植物相对固定，故要预先考虑到3～5年后植物的生长状况，在施工时根据植物材料规格预留好植物生长空间。

花境中各种花卉的配置要求错落有致，也不要求花期一致。但要考虑到同一季节中各种花卉的色彩、姿态、体形及数量的协调和对比及其对整体构图的影响，注意一年四季的变化和观赏性，能有较长的观赏期。花境对植物高矮要求不严，但需要注意开花时不会被其他植株遮挡，所以需要长时间的观察调整及管理养护才能达到持久的良好效果。

一、实习目的

了解花境的种植施工过程及其注意事项，合理安排花境的种植施工。了解花境管理养护的基本措施和要求。

二、实习工具

园艺用具、白粉、沙、植物材料等。

三、实习内容和要求

1. 熟悉施工流程

（1）整床：根据花境所用植物类型确定整地深度。通常混合式花境土壤需深翻60cm左右，筛出石块，在距床面40cm处混入腐熟的堆肥，再把表土填回，然后整平床面，稍加镇压。要注意做出适当的排水坡度。

（2）放线：按平面图纸用白粉或沙在植床内放线，对土壤有特殊要求的植物，可在种植区采用局部换土措施。要求排水好的植物可在种植区土壤下层添加石砾。对某些根蘖性过强，易侵扰其他花卉的植物，可在种植区边界挖沟，埋入砖或石板、石头、瓦砾等进行隔离。

（3）栽植：

①栽植时间　大部分花卉的栽植时间以早春为宜，尤其注意春季开花早的植物要尽量提前在萌动前移栽，必须在秋季才能栽植的种类可先以其他种类替代，如时令性的一、二年生花卉或球根花卉。

②栽植密度　以植株覆盖床面为限。若栽植成苗，则应按设计密度栽好；若栽种小苗，则可适当加密，以后再行疏苗，否则过多地暴露土面会导致杂草滋生并增加土壤水分

蒸发。栽植后需及时灌溉，保持土壤湿度，直至成活。

2. 掌握花境养护管理要点

（1）浇水：种植完成后，初次浇水对植物存活非常重要，一般应浇三次透水：种植完成后马上浇第一次水；2~3天后浇第二次；5天后浇第三次，每次都必须将水浇透。

平常浇水的时间和次数依据天气而定。多数植物在移植初期需要的水量较大；在植物正常生长时期，土壤可见干见湿，基本保持土壤湿润即可；在北京等寒冷地区，霜冻之前要浇透一次冻水，以保证植物安全越冬。

（2）支撑：是防止植株倒伏的有效方法，特别是对于遭受大风等恶劣天气以及一些花后极易倒伏的植物来说，设立支撑会保护和延长它们的观赏效果。设立支撑主要有两种方法：一种是整体支撑；另一种是个体支撑。注意支撑对景观效果的影响。

（3）覆盖与除草：在花境种植完成之后，可在植物的间隙中用树皮、草屑、碎石等将裸露的土壤覆盖住，这样可以有效防止杂草生长，减少水分散失。

目前，除草基本依靠人力，费时费力，所以在整地时就要清理干净杂草，在植物种植后铺设覆盖物，这样可在一定程度上减少杂草的生长。对于花境中已经长出的杂草要及时清理。

（4）修剪：混合式花境中的灌木应及时修剪，保持一定的株型与高度。一般在休眠期进行，北京等地在11月至翌年3月进行冬剪。

对于花境中的草本花卉，在花前可以对有些植物进行掐尖处理，促进侧枝生长、促进开花。在花后应及时修剪掉残花、枯枝，以保证花境的清爽整洁。而且应当特别留意修剪后可以二次开花的植物种类，适时对其进行修剪，延长花境观赏期。

（5）施肥：在整地时，应在土壤中加入足够的基肥。当花境种植完成后，每逢春天植物未出苗前，可在土壤上覆盖一层薄薄的有机肥，也可以在秋冬季地上部分枯萎后覆盖一层有机肥。

（6）病虫害防治：花境植物种植之前一定要对土壤进行消毒，把土壤中存在的病菌、病毒、害虫、虫卵消灭，减少病源。选用抗性较强的植物种类，保持合理的种植密度和花境种植床的环境卫生，及时清除残花、枯枝、落叶及其他杂物，减少病虫害的滋生和蔓延。

（7）调整更新：花境种植后，随时间推移会出现局部生长过密或稀疏的现象，需及时调整，以保证其景观效果。早春或晚秋可更新植物（如分株或补栽）。

四、实习作业

1. 撰写花境施工实习报告，分组完成一处花境的整床、放线及植物材料的栽植，并完成实习报告（可参考图 6-1、图 6-2）。

2. 完成花境养护管理实习报告，分组完成一处花境的养护管理操作，并撰写实习报告。

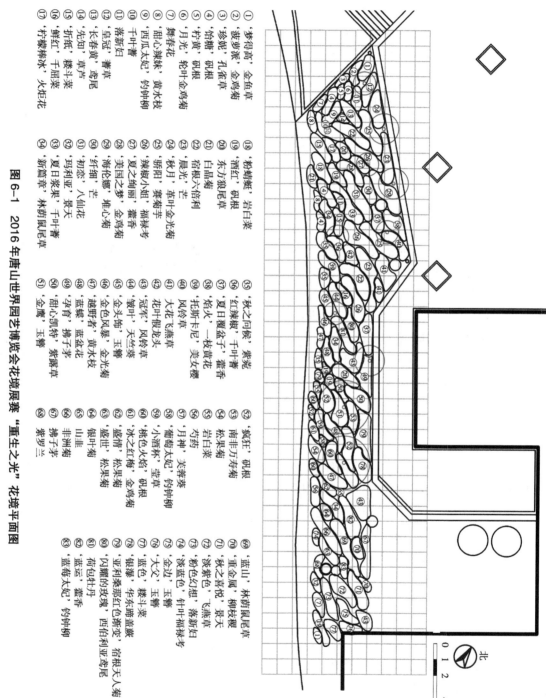

① '麦得茜' 金鱼草
② '破多派' 金鸡菊
③ '珍妮' 孔雀草
④ '怡糖' 白晶菊
⑤ '柠黄' 矾根
⑥ '月光' 轮叶金鸡菊
⑦ 舞春花
⑧ '甜心蜘妹' 黄水枝
⑨ '西瓜大妃' 钓钟柳
⑩ 千屈菜
⑪ 落新妇
⑫ '皇冠' 草芦
⑬ '长春黄' 鸢尾
⑭ '先知' 矮斗菜
⑮ '鲜红' 矮斗菜
⑯ '折纸' 千屈菜
⑰ '柠檬棒冰' 火炬花
⑱ '粉蜻蜓' 岩白菜
⑲ '酒红' 矾根
⑳ 东方狼尾草
㉑ 白晶菊
㉒ 宿根六倍利
㉓ '晨光' 芒
㉔ '秋月' 草叶金光菊
㉕ 花叶大花飞燕草
㉖ '辣椒小姐' 福禄考
㉗ '斯阳' 赛菊芋
㉘ 夏之梦
㉙ '海伦娜' 金鸡菊
㉚ '纤细' 芒
㉛ '初恋' 八仙花
㉜ '美国之梦' 桃心菊
㉝ '玛利亚' 景天
㉞ '夏日浆果' 千屈菜
㉟ '新篇章' 林荫鼠尾草
㊱ '红辣椒' 千叶蓍
㊲ '夏日飘盆子' 蔷香
㊳ '暗光' 一枝黄花
㊴ '托斯卡尼' 美女樱
㊵ 大花飞燕草
㊶ '风铃草' 风铃草
㊷ '冠军' 风铃草
㊸ '魅叶' 玉簪
㊹ '金头布' 玉簪
㊺ '金色风暴' 黄水枝
㊻ '避野者' 蓝盆花
㊼ '蓝蝶' 鼠尾草
㊽ '育青' 蓝盆花
㊾ '甜心凯特' 紫娇草
㊿ '金鹰' 金光菊
(51) 佛子芋
(52) '疯狂' 矾根
(53) '秋之问候' 紫菀
(54) 南非万寿菊
(55) 岩白菜
(56) '月神' 美赛葵
(57) 芍药
(58) 大花飞燕草
(59) '小酒杯' 钓钟柳
(60) '桃色火焰' 矾根
(61) '葡萄大妃' 金鸡菊
(62) '冰色红梅' 针叶福禄考
(63) '盛世' 松果菊
(64) '银霜' 松果菊
(65) 山韭
(66) 非洲菊
(67) 佛子芋
(68) 紫罗兰
(69) '蓝山' 林荫鼠尾草
(70) '重金属' 柳枝稷
(71) '秋之喜悦' 景天
(72) '淡紫色' 飞燕草
(73) '粉色幻想' 落新妇
(74) '月神' 美赛葵
(75) '大父' 金边
(76) '冰蓝色' 玉簪
(77) '蓝运' 玉簪
(78) 楼斗菜
(79) 华东蓝盆菊
(80) '亚利桑那红色新变' 宿根天人菊
(81) '闪耀的玫瑰' 西伯利亚鸢尾
(82) 荷包牡丹
(83) '蓝莓大妃' 钓钟柳

图 6-1 2016 年唐山世界园艺博览会花境展赛 "重生之光" 花境平面图
（周珏琳、尚公基、黄忆杯 绘）

图6-2 花境放线施工现场照片（周珏琳、尚尔基、黄忆侨 摄）

III　园林地被

　　园林地被（ground cover）是指通过栽植低矮园林植物覆盖地面形成一定的植物景观。

　　园林地被广泛应用于园林设计中，具有很多优点：一是园林地被植物个体小、种类丰富、颜色多样，且不同的搭配可以提高园林的观赏价值。二是适应性强，适宜在不同的环境下生长，生长速度较快。一般在园林设计初期，乔木和灌木生长缓慢，而地被植物的应用能够填补下层的空缺。三是地被植物不仅有颜色上的差别，在株高和层次上也有不同，有利于修饰成各种图案，提高观赏价值。四是后期养护管理较粗放，不需要经常修剪，或是非常耐修剪。种类单一且成片分布，病虫害少，节省了后期养护管理费用。

　　适应性强、管理粗放并能起到良好装饰作用的地被植物渐受重视，在园林绿化建设中扮演着不可替代的角色，广泛应用于公园绿地、居住区绿地、公路绿化、高速路边坡绿化等各种绿地建设中。

实习7　园林地被景观特征和建植技术

　　地被是园林中大面积应用的植物景观形式。地被植物本身具有不同的观赏特点，在园林中可以通过地被植物单种栽植或不同种之间的混合配置、地被植物与乔灌木的搭配及地被植物与草坪的搭配等形成不同的景观效果。

一、实习目的

　　了解园林地被的景观类型以及不同类型对于植物选择的要求，并且了解园林地被的建植过程。

二、实习工具

　　相机、纸笔等。

三、实习内容和要求

1. 了解园林地被的景观特点

观察了解园林地被的景观特点。

①园林地被植物种类丰富，观赏性状多样；

②园林地被景观具有丰富的季相变化；

③园林地被可以烘托和强调园林中的主要景点；

④园林地被可以使景观中不协调的元素协调一致。

2. 了解园林地被的景观类型

区分园林地被的景观类型，了解各种类型的观赏特点、植物选择。

（1）按照景观效果分类：

①常绿地被　常绿地被植物指四季常青的地被植物，可达到终年覆盖地面的效果。如砂地柏、铺地柏、石菖蒲、麦冬、葱兰、常春藤等，这类地被植物没有明显的休眠期，一般在春季交替换叶。

　　其中，北方寒冷地区主要配置常绿针叶类地被植物，如铺地柏及少量抗寒性强的常绿阔叶地被植物（常春藤、山麦冬等）；黄河以南地区可栽植的地被植物比较丰富，如沿阶草、吉祥草、薜荔、络石、蔓长春花等。

②落叶地被　落叶地被植物指的是秋冬季地上部分枯萎或落叶，翌年再发芽生长的一类地被植物。这类植物分布广泛，抗寒性强，尤其适用于北方寒冷地区建植大面积地被景观。其中既有观花的，也有观叶和观果的，如玉带草、玉簪、蛇莓、草莓、平枝栒子等。

③观花地被　观花地被植物指花期长、花色艳丽的地被植物，在其开花期以花取胜，如地被菊、二月蓝、红花酢浆草、花毛茛、微型月季、迎春、韭兰、石蒜等。有些观花地被植物可在成片的观叶植物中穿插布置，如在麦冬类或石菖蒲等观叶地被中栽种一些萱草、石蒜等观花地被植物，更能发挥地被植物的美化效果。

④观叶地被　观叶地被植物指一些地被植物有特殊的叶色与叶姿，单独或群体均可欣赏。如'金叶'过路黄、'紫叶'酢浆草、八角金盘、菲白竹、'金叶'女贞、洒金东瀛珊瑚、紫叶小檗等。

（2）按照配置的环境分类：

①空旷地被　指在阳光充足的宽阔场地上栽培地被植物。一般可选观花类的植物，如美女樱、常夏石竹、福禄考等。

②林缘、疏林地被　指树林边缘或稀疏树丛下配置地被植物。可选择适宜在这种半阴环境中生长的植物，如二月蓝、石蒜、细叶麦冬、蛇莓等。

③林下地被　指在乔木、灌木层基部，郁闭度很高的林下栽培阴性地被植物，如玉簪、虎耳草、白及、桃叶珊瑚等。

④坡地地被　指在土坡、河岸边种植地被植物，主要是防止冲刷、保持水土的作用，应选择抗性强、根系发达、蔓延迅速的种类，如铺地柏、小冠花、薹草等。

⑤岩石地被　指覆盖于山石缝间的地被植物景观，是一种大面积的岩石园式地被，如常春藤、地锦、石菖蒲、野菊花等。

3. 了解、观察园林地被的建植流程

（1）整地：要得到良好的地被种植效果，需在建植前重视整地工作，将土壤深翻，清除杂草，清理砖石，尽可能多施有机肥料作基肥，然后平整土地。

（2）种植：不同植物的建植时间差异较大，通常取决于当地的气候、建植方法及植物种类等；种植方法主要有播种法、营养器官栽植法、栽植种苗法3种；种植时应该适当密植，合理混栽。

（3）前期管理：种植后要及时灌水，注意保苗、除草和追肥等工作。

（4）养护管理：以粗放管理为原则。注重防止水土流失、抗旱与水分管理、增加土壤肥力、病虫害防治、适当修剪、更新复壮等工作。

四、作业要求

1. 撰写园林地被应用类型调查报告，结合实地调查结果，详细阐述园林地被的景观类型、配置环境、应用的植物材料等内容。

2. 撰写园林地被建植方法实习报告，结合实地调查结果，记录园林地被的建植方法与流程，总结操作要点。

实习8　园林地被植物材料调查与生境观测

地被植物是指覆盖于地表的低矮的植物群体，包括一、二年生和多年生低矮草本植物，蕨类植物及一些低矮、匍匐性的灌木、竹类和藤本植物，高度一般在 0.5 m 以下，国外学者则将高度标定在 0.25～1.2 m。国内的地被植物从广义上来说也包括草坪植物；狭义的地被植物是指除草坪植物以外的符合上述定义的植物。

一、实习目的

了解常用的地被植物材料，测量栽植密度，调查生长环境对地被植物生长的影响。

二、实习工具

光度计、土壤湿度计、坡度仪、指北针、相机、皮尺。

三、实习内容和要求

1. 植物材料调查

认知常见地被植物的种类。按照植物种类分，可分为草本地被植物、藤本地被植物、蕨类地被植物、矮竹类和矮灌木五大类。

（1）草本地被植物：种类、数量众多，自然分布范围广。根据草本植物的生活型特点，可以把草本地被植物分为一、二年生草本地被植物，多年生草本地被植物和多浆类地被植物3类。

①一、二年生草本地被植物　在一个生长季或两个生长季内完成全部生活史的草本地被植物，在园林绿地中有一定程度的应用。例如，成片生长的雏菊、藿香蓟、波斯菊、美女樱、非洲凤仙等地被植物，在公园、堤岸及居住区绿地成片栽植后，在盛花期繁花似锦，景观效果突出。

②多年生草本地被植物　指个体寿命超过两年，能多次开花结实的草本地被植物。该类植物是草本地被植物的主体材料，应用极为广泛。

根据其地下部分的形态变化，可分为宿根地被植物和球根地被植物，宿根地被植物有萱草、玉簪、常夏石竹、地被菊、马蔺等；球根地被植物有美人蕉、大丽花、郁金香、葱兰、番红花等，这类植物既可观花，又可观叶，在大面积的草坪上点缀栽植或色块栽植。

根据茎生长特点的不同，可分为多年生非蔓生草本地被植物和多年生蔓生草本地被植物。多年生蔓生草本地被植物具有发达的匍匐茎，水平枝扩展能力强，可在短期内快速覆盖地面，形成良好的绿地景观，如匍枝毛茛、鹅绒委陵菜、匍枝委陵菜、连钱草、蛇莓、蔓长春花、乌蔹莓等。多年生非蔓生草本地被植物适用于园林绿化的种类最为丰富，如紫花地丁、甘野菊、棘豆、黄芩、野火球、薹草、毛地黄、委陵菜、白头翁、楼斗菜、风铃草、崂峪薹草、玉竹、铃兰等，大多植株矮小整齐，可粗放管理，并可通过种子繁殖。

③多浆类地被植物　主要为景天类植物，近年来该类植物得到了广泛应用推广，如景天科的佛甲草、白花景天、垂盆草、八宝、费菜等，可广泛应用于屋顶绿化、公路绿化和各类城市园林绿地中。

（2）藤本地被植物：如地锦、扶芳藤、常春藤、凌霄、金银花、络石、山荞麦、铁线莲等，这类植物单株覆盖面积大，附着力强，能很好地防止水土流失，且无需专门管理，是公路、河岸的良好护坡地被植物。

（3）蕨类地被植物：如翠云草、荚果蕨、铁线蕨、肾蕨、贯众、凤尾蕨等，性喜阴湿环境，是园林绿化中优良的耐阴地被植物，具有很好的应用前景。

（4）矮竹类地被植物：在千姿百态的竹类资源中，茎秆比较低矮而养护管理粗放的种类很多，其中一些种类或品种在假山园、岩石园中作为地被植物来应用，如菲白竹、箬竹、鹅毛竹、菲黄竹、凤尾竹、翠竹等。

（5）矮灌木地被植物：矮灌木是园林植物造景的主要种类之一，既有观花种类，又有观叶种类。北方地区常用的灌木主要有砂地柏、迎春花、卫矛、平枝枸子、'金叶'女贞、紫叶小檗、大叶黄杨、小叶黄杨等。

2. 植物生长环境观测

观测植物生长的立地条件，包括坡度、坡向、干湿环境和光照环境等。

3. 栽植方式调查

观察各种地被植物的种植密度（每平方米的株数）、栽植方式、栽植季节及伴生植物。

4. 地被植物材料冬态观测

观测了解地被植物材料的冬季生长状态和景观效果，记录地被植物材料的枯黄期、返绿期，以及其各个时期的生长特征。

①秋季枯黄期观测；
②冬季生长状态观测；
③春季返青的状态观测。

随着春季气温升高，植物由休眠进入生长发育阶段，标志着植物本年生长期的开始，即植物的返青期。记录各植物春季的返青时间，并对其形态特征做出总结。

四、作业要求

1. 撰写园林地被植物生境观测综合报告，选取不同环境的3处园林地被观测并记录其秋季枯黄期、春季返绿期和冬季的植物形态特征与时间节点（表8-1）。

2. 撰写园林地被植物应用调查报告，调查选定园林地被的植物基本信息、栽植方式和立地条件（表8–2）。

表 8-1　冬态观测表

| 序　号 | 植物名称 | 拉丁学名 | 秋　季 | | 冬　季 | 春　季 | |
			枯黄期	形态特征	形态特征	返绿期	形态特征

表 8-2　植物材料统计表

| 序　号 | 植物基本信息 | | | 栽植方式 | | | | 立地条件 | | | |
	中文名	拉丁学名	植物类型	栽植密度	栽植方式	栽植季节	伴生植物	干湿环境	光照条件	坡度	坡向

IV 屋顶花园

屋顶花园（roof garden）广义可以理解为在各类建筑物、构筑物、城墙、立交桥等的屋顶、天台、阳台、建筑立面和地下建筑顶板以及人工假山山体上建植的绿色景观或具有综合功能的花园式绿地。狭义的屋顶花园是指在高出地面以上，周边不与自然土层相连的各类建筑物、构筑物等的顶部以及天台、露台上建植的绿色景观或具有综合功能的花园式绿地。

屋顶花园的历史可追溯到 4000 多年前，大约在公元前 2000 年，古幼发拉底河下游地区的古代苏美尔人曾建造了雄伟的亚述古庙塔，被后人认为是屋顶花园的发源地。但真正意义上的屋顶花园一般公认为是亚述古庙塔之后 1500 余年出现的巴比伦"空中花园"。20世纪 60～80 年代，西方一些发达国家在新营造的建筑群中，在设计楼房时一并考虑屋顶绿化，造园水平越来越高。法国、英国、巴西、日本、德国、澳大利亚等国家在建设屋顶花园上都达到了较高的水平。国内屋顶绿化建设始于 20 世纪 80 年代前后，研究起步较晚。随着国内经济建设突飞猛进地发展，人居环境和生活质量的要求日益受到重视和提升，成都、重庆、上海、西安、深圳、杭州、长沙、天津等大城市的屋顶绿化自发地以各种形式展开。

综合我国各地屋顶花园的建造方式，大致归纳为下面两种类型：花园式屋顶花园和简单式屋顶花园。花园式屋顶花园是根据屋顶具体条件，选择小型乔木、低矮灌木和草坪、地被植物进行屋顶绿化植物配置，设置园路、座椅和园林小品等，提供一定的游览和休憩活动空间的复杂绿化。简单式屋顶花园指的是利用低矮灌木或草坪、地被植物进行屋顶绿化，不设置园林小品等设施，一般不允许非维修人员活动的简单绿化。

实习9　屋顶花园常用植物材料认知及生长观测

屋顶花园的大小、建筑荷载和防水、排水等方面的要求对屋顶花园的植物选择具有很大的限制性，通常根据屋顶花园的类型和功能决定植物种植的方式。北京市地方标准《屋顶绿化规范》（DB11/T 281—2015）中对植物的选择做出了严格的要求，因而需要对植物材料的观赏特征和生长习性进行深入地把握才能选出适合的屋顶绿化植物材料。

一、实习目的

掌握屋顶绿化可以使用的植物材料种类及生长特性。

二、实习工具

相机、卷尺、纸笔等。

三、实习内容和要求

1. 熟悉屋顶花园植物选择要求

①为防止植物根系穿破建筑防水层，应选择须根发达的植物，避免选择直根系植物或根系穿刺性较强的植物。

②选择易移植、耐修剪、耐粗放管理、生长缓慢的植物，避免植物逐年加大的活荷载对建筑静荷载的影响。

③选择抗风、耐旱、耐夏季高温的园林植物。

④选择耐空气污染，能吸收有害气体并滞留污染物质的植物。

⑤屋顶绿化可根据不同植物对种植基质土层的厚度要求，将乔木、灌木进行树池栽植或在绿地内进行局部微地形加高处理。

⑥屋顶绿化应以乡土植物为主。

2. 认知屋顶花园常用植物材料（以华北地区为例）

（1）观花树种：

①春天开花树种　迎春花、连翘、丰花月季、蔷薇、棣棠、紫叶李、碧桃、山桃、榆叶梅、黄刺玫、平枝栒子、山楂、玉兰、海棠、贴梗海棠、欧洲琼花、金银木、樱花。

②夏天开花树种　红王子锦带、红瑞木、凤尾兰、紫薇、木槿、华北珍珠梅。

（2）观果树种：北美海棠系、西府海棠、山楂、金银木、柿、平枝栒子、贴梗海棠、葡萄。

（3）秋色叶树种：元宝枫、红枫、柿、黄栌、平枝栒子、欧洲琼花、红瑞木、美国地锦。

（4）彩叶树种：紫叶李、'紫叶'桃、紫叶小檗、紫叶矮樱、'金叶'榆、'金叶'接骨木、金山绣线菊、'金边'大叶黄杨、'金叶'莸、金叶女贞。

3. 屋顶花园植物材料生长特征观测

（1）木本植物栽植方式和生长状态观测：

①木本植物形态特征与栽植方式调查　观察并测量木本植物的树高、胸径/地径、冠幅、栽植位置、栽植密度。

②木本植物物候调查　观察并记录木本植物的物候期表现及景观特征。

（2）草本植物栽植方式和生长状态观测：

①草本植物栽植方式调查　观察并测量植物搭配的方式、种植密度、栽植位置。

②草本植物物候调查　观察草本植物周年的生长表现和季相特征，重点观察绿期长度和夏季酷暑期的生长表现。

四、作业要求

撰写屋顶花园实习报告。3～5人一组，每组选择2处不同类型的屋顶花园，统计屋顶花园常用植物材料，观测物候变化（物候观测表参照花境物候观察记录表），见表4-1所列。

实习10 观测不同类型屋顶花园的景观形式及设计要点

根据建筑荷载和设计要求的不同，屋顶花园的配置模式及设计形式也不同，见表10-1所列。不上人的简单式屋顶花园可以采用地毯式种植方式，铺植草坪或地被植物。面积较小又具备一定休憩功能的花园式屋顶花园则以盆栽植物、花台、花坛等种植形式为主。只有面积较大的花园式屋顶花园才可以适当构筑地形，结合道路及其他造园要素，进行多种形式的植物配置，如孤植、丛植、群植以及花坛、花带、花台甚至花境等，还可以结合休憩设施布置花架等垂直绿化设施，或者结合水池布置水生植物，从而取得丰富的园林景观。

表10-1 花园式屋顶花园与简单式屋顶花园的对比

类型	花园式屋顶花园	简单式屋顶花园
主要特点	根据屋顶具体条件，选择小型乔木、低矮灌木和草坪、地被植物进行植物配置，设置园路，提供一定的游览和游憩活动空间	利用低矮灌木或草坪、地被植物进行植物配置，不设置园林小品等设施，一般不允许非维修人员活动
使用范围	建筑静荷载 > 250kg/m²，可以充分发挥种植屋面的生态效益，提供人在屋顶活动的舒适性	建筑静荷载在 100～250kg/m²，可以解决旧建筑屋顶荷载小、防水薄弱、灌溉不便、管理不利等问题

一、实习目的

学习不同类型屋顶花园的布局、分区、植物材料选择和种植形式，观察植物与道路、构筑物、景观小品等园林要素的配置手法。

二、实习工具

相机、卷尺、绘图工具等。

三、实习内容和要求

1. 了解花园式屋顶花园形式及设计要点

花园式屋顶花园可以提供游览和休憩活动的场地，有着满足行走和停留的空间和设施，以丰富的植物种类和配置方式营造出美丽的景观效果。

（1）设施与功能较复杂：这类屋顶花园主要建造在商业办公楼、医院、高档酒店、公寓等公共建筑上，因此设施与功能较为复杂。用于休闲的屋顶绿化是最常见的一种类型，它以提高人们生活质量为主要目的，在屋顶上建造花架、廊亭、水池等园林设施，营造出舒适多样的空间。

（2）植物种类丰富，景观形式多样：花园式屋顶花园以植物造景为主，应采用小型乔木、低矮灌木、各类草本花卉、草坪和地被植物相结合的形式进行植物配置。这类屋顶花园的绿化面积通常要占屋顶总面积的 60% ～ 70% 及以上，乔木、灌木与草坪、地被植物的比例通常为 6:4 或 7:3。

2. 了解简单式屋顶花园形式及设计要点

由于建筑荷载的限定或管理上的要求，简单式屋顶花园以简单植被的形式进行屋顶绿化。具体可分为以下 3 种形式。

（1）覆盖式绿化：根据建筑荷载较小的特点，利用耐旱草坪、地被、灌木或可匍匐的攀缘植物进行屋顶覆盖绿化。

（2）固定种植池绿化：根据建筑周边圈梁位置荷载较大的特点，在屋顶周边女儿墙一侧固定种植池，利用植物直立、悬垂或匍匐的特性，种植低矮灌木或攀缘植物。

（3）可移动容器绿化：根据屋顶荷载和使用要求，以容器组合形式在屋顶上布置观赏植物，可根据季节不同随时变化组合。

四、作业要求

1. 完成屋顶花园测绘图，以 3 ～ 5 人为一组，分别选择观察简单式屋顶花园和花园式屋顶花园各 1 处进行实地测绘。

2. 完成屋顶花园植物材料表，记录选定屋顶花园的植物材料，包括植物名称、类型、观赏特性等。

实习 11　了解屋顶花园工程技术及养护管理

屋顶花园的施工需要综合工种的配合，全方位考虑建筑的结构、荷载、防水、围护安全等问题。屋顶花园的园林工程和建筑小品的设计、施工，必须与建筑物的设计、施工密切配合，相互合作。若在原有建筑屋顶上改建或扩建屋顶花园，园林工程与旧建筑物的关系就更加重要。掌握可靠的施工技术是整个屋顶花园的安全性、景观性的重要保障。

屋顶花园除设计时需要选择适宜的植物种类，还需加强日常养护工作才能保证植物生长良好，从而取得最佳的景观效果和生态效益。由于屋顶花园的特殊性，除了一般的绿化管理外，还有需要特别注意的事项。

一、实习目的

了解屋顶花园构造组成、工程技术及植物的养护管理要求。

二、实习工具

园艺用具、相机、纸笔等。

三、实习内容和要求

1. 观测屋顶花园种植区的构造层

屋顶绿化构造层由上至下一般包括植被层、基质层、隔离过滤层、排（蓄）水层、隔根层等，如图 11-1 所示。

（1）植被层：即指适合在屋顶栽植的乔木、灌木、地被植物、攀缘植物、草坪等。

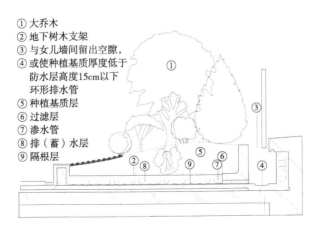

图 11-1　屋顶花园种植区构造层［依《屋顶绿化规范》（DB11/T 281—2005）改绘］

（2）基质层：屋顶花园中能满足植物良好生长要求的土壤层称为种植基质层，其理化性状（如种植土粒径大小、有机质含量、植物生长的土壤深度等）都有较严格的要求，为了降低屋顶的荷载，除了基质容重的要求，在满足固定和植物生长发育的前提条件下，屋顶花园所用栽培基质还要尽可能轻薄，如图 11-2 所示。

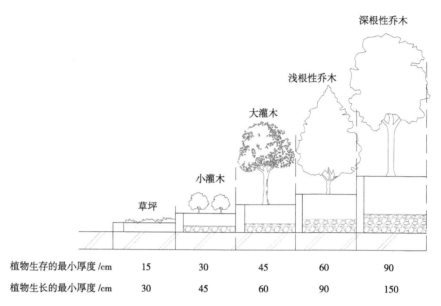

	草坪	小灌木	大灌木	浅根性乔木	深根性乔木
植物生存的最小厚度 /cm	15	30	45	60	90
植物生长的最小厚度 /cm	30	45	60	90	150

图 11-2 屋顶花园植物生长的土壤深度要求［依《屋顶绿化规范》（DB11/T 281—2005）改绘］

（3）隔离过滤层：人工种植基质是用多种材料——耕土、沙土、腐殖土、泥炭土和蛭石、珍珠岩、锯末、灰渣等混合而成的。如果人工合成基质中的细小颗粒随水流失，不仅影响基质的成分和养料，还会堵塞建筑屋顶的排水系统，甚至影响整幢建筑物下水道的畅通。因此，必须在种植土的底部设置一道防止细小颗粒流失的过滤层。隔离过滤层铺设在排水层上，用于阻止基质进入排水层。过滤的材料应是既能透水又能过滤细小的土颗粒，经久耐用造价低廉的材料。

（4）排（蓄）水层：铺设在隔根层上，用于改善种植基质的通气状况，及时排出土壤中的积水，缓解瞬时集中降雨造成的压力；同时可以储存多余水以备用，兼有隔根作用。排水层材料的选择应满足通气、排水、储水和轻质要求。一般根据种植形式和植物规格不同，选择不同厚度和质地的排（蓄）水材料。

（5）隔根层：为避免对建筑结构造成威胁，在无法进行二次防水处理的情况下，屋顶花园可以在原防水层上附加一层隔根层材料。使用隔根层材料主要起防止植物根系穿透防水层的作用。隔根材料一般可选择高密度高韧性聚乙烯（HDPE）、低密度聚乙烯（LDPE）、聚氯乙烯（PVC）卷材等。

2. 了解施工流程和技术要点

（1）施工流程：如图 11-3、图 11-4 所示。

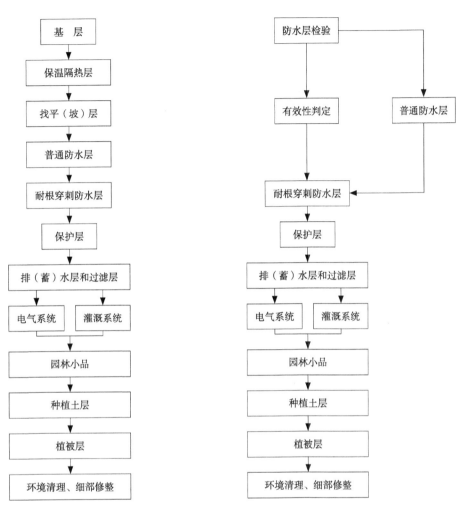

图 11-3 新建建筑屋顶绿化施工工艺流程图　　图 11-4 既有建筑屋顶绿化施工工艺流程图

[引自《屋顶绿化规范》(DB11/T 281—2015)]

（2）技术要点：

①荷载　建筑屋顶是建筑主要水平承重构件，通过屋顶的楼盖梁板传递到墙、柱及基础上的荷载（包括活荷载和静荷载）称为建筑屋顶荷载。

活荷载也可称为临时荷载，是由积雪、壅水回流形成，包括因建筑物修缮、维护工作产生的屋面荷载。静荷载也可称为有效荷载，是由所有的构造层，包括屋面防水层、保温层、保护层、隔根层、排（蓄）水层、过滤层、种植基质层、植被层等的重量组合，并且使用材料的密度都是饱和水状态下的密度。

②防水层　屋顶花园防水层应满足一级防水设防要求，合理使用年限不应少于 20 年。为确保屋顶结构的安全，屋顶绿化前通常在原屋顶基础上进行二次防水处理。

③阻根层　屋顶绿化要特别注意植物的穿刺能力。需要使用物理阻根防水卷材或者化学阻根防水卷材。

④隔离过滤层　应采用既能透水又能过滤的无纺布或玻璃纤维材料，最好是由双层材

料组成的卷状材料，上层是兼有蓄水作用的蓄水棉，$200 \sim 300 g/m^2$；下层是有过滤作用的无纺布材料（聚丙烯或聚酯材料，$100 \sim 150 g/m^2$）。

铺设方法：应将隔离过滤层铺设在种植基质层下面。搭接缝的有效宽度必须达到$10 \sim 20 cm$，并向建筑侧墙面延伸，宜低于种植基质层高度$5 cm$。

⑤植物固定方法　凡高于$2.2 m$的乔灌木均需要固定处理。

⑥植物栽植　屋顶花园与女儿墙之间必须预留缓冲带，不栽植植物。同时，植物栽植不要与建筑立墙直接接触。

⑦灌溉技术　屋顶花园灌溉设施宜选择滴灌、微喷、渗灌等灌溉系统。在有条件的情况下，应建立屋顶雨水和空调冷凝水的收集回灌系统。

3. 屋顶花园养护管理要点

①屋顶花园的种植基质层较薄，灌溉渗吸速度快，其基质容易干燥，因此，灌溉要求采用少量频灌法。

②屋顶花园需采取控制水肥的方法或生长抑制技术，防止因植物生长过旺而加大建筑荷载和维护成本。

③屋顶花园种植基质每年至少检查一次，保证土壤疏松。

④对于生长过快、过大的植物要求通过修剪加以控制。

⑤为防止屋顶花园中病虫害的发生，应该保证排水通畅，水、肥等养护管理工作要科学合理，同时注意减少侵染来源。

⑥对于新植苗木或不耐寒的植物材料，适当采取防寒措施。

⑦采取防鸟措施。简单式屋顶花园需要注意鸟类毁苗现象，冬季可适当采用绿色无纺布覆盖。

四、作业要求

撰写花园式屋顶花园实习报告。选择一处花园式屋顶花园，调查其基本构造与工程做法，并撰写植物的养护管理计划。

V 室内绿化

室内绿化（indoor greening）是把自然界中的植物、山水等移入室内，辅以人工材料及必要的景观小品，经过科学的组织与设计，使其组成具有多种功能的景观。

根据庞贝城遗址的资料显示，室内绿化在欧洲已有逾2000年的历史，但真正发展起来还是在20世纪60年代以后。70年代的美国掀起了绿色革命，人们提出在室内环境中强调返璞归真、造仿自然、净化环境的生态化要求。纽约福特基金总部办公大楼的入口广场是国外最早出现的室内庭园之一，入口处用玻璃天棚和周围的玻璃幕墙组成了一个以花木为主体的室内庭园。

20世纪80年代初，我国才开始在公共空间室内营造大型植物景观庭园的尝试，其中最著名的有广州白天鹅宾馆、北京香山饭店的四季厅、北京昆仑饭店的四季厅、上海静安希尔顿酒店。广州白天鹅宾馆以"故乡水"为题的中庭景观最为经典，整个大厅空间形成了自然空间，下面布置有水池，水池中有动物，四周都被乔木包围。

四十年来，室内绿化发展迅速，技术上的不断进步使更多种植物在室内的生长成为可能，推动了室内绿化事业的发展。目前，室内绿化已广泛应用于各种公共场合及居室住宅，且不同的功能空间均对植物的设计有着不同的要求。

实习 12　公共建筑内庭绿化调查

建筑内庭绿化景观的出现是城市景观向内的延续和展现，是城市景观中最接近人，与生活、工作环境最为亲密的空间环境。景观围绕建筑，建筑包裹景观，不论室内还是室外的景观，都是人居环境不可分割的组成部分。建筑内庭景观设计的定位不完全等同于绿化设计，不是简单地摆放植物进行美化装饰。植物作为公共建筑内庭绿化的一个重要因素，设计师必须熟练掌握其观赏特点、应用方式及配套设施。

一、实习目的

了解公共建筑内庭绿化中植物生长环境的基本特点，熟悉常用植物材料的种类、观赏特征和应用方式。了解栽植容器的常见样式和设施构造的特点。

二、实习工具

绘图工具、相机、激光测距仪和皮尺等测绘工具。

三、实习内容和要求

1. 了解内庭绿化植物应用形式

根据表达的艺术形式不同，室内绿化常见的应用形式有盆景、插花、盆栽、室内花园、生态绿墙等。

①盆景　传统的盆景一般由植物、山石、瓷雕等素材构成，借鉴、提取自然山水中的优美形态，经过人们的艺术提炼概括和技术的加工处理，塑造出形态、肌理优美，布局富有诗意的视觉构图形象。在配置过程中，除了美观的要求，还要综合考虑室内空间的环境条件和植物本身的生长习性。

②插花　随着室内环境要求的不断提高，插花在室内设计中逐步发展起来，是室内绿化装饰的重要内容。插花应用形式广泛，如瓶花、盘花、篮花、清供等，多布置在案头桌面。

③盆栽　是指具有一定观赏价值，适应室内光线阴暗的环境，能在室内较长期摆放和欣赏的花卉。盆栽花卉不受种类的限制，是美化、绿化居室环境的装饰品。盆栽通常用于室内空间的过渡转换处，以对景或配景的方式呈现。

④室内花园　是把多种植物安排在一个较小的空间内（如种植钵、槽形种植器、大形浅盘和吊篮等），像花园一样进行布局的室内绿化形式。室内花园常见于高档酒店、会所、厅堂等场所。

⑤生态绿墙　利用垂直面的立地条件，在建筑物的墙面、围墙、栅栏、立柱和花架等

立体空间中进行绿化。室内生态绿墙将城市立体绿墙和建筑外立面立体绿墙等方式转移到室内空间，有效地改善了室内的生态环境，在立面上扩展了绿化空间。

2. 陈设方式调查

了解公共建筑内庭绿化陈设方式，以及常见植物材料、应用位置和功能。

①悬挂　多应用于柜顶、书架、柱子、餐厅等位置，增加绿化面积，增添空间的雅致氛围，丰富室内绿化景观。

②地面放置　出入口、门厅、客厅等位置常放置绿植，一般选用两株较为高大、形态独特的观叶或花叶兼备的木本植物，起到引导、标志和点缀的作用；在家具或墙壁形成的角隅处放置盆栽，可以使空间硬角得到柔化。

③窗台、阳台摆放　窗台阳台摆放的绿植多用于近距离欣赏，因此常选择浓郁芬芳、色彩艳丽或叶形、姿态独特的观赏性较强的植物，或形成花叶共赏、搭配均衡协调的植物组团。窗台绿化需要注意朝向与植物的搭配关系：南向阳台，良好的通风采光条件适宜大多数植物的生长；北向阳台，常年光照不足，只适宜竹芋类、蕨类等耐阴植物的生长。

④壁挂　多用于高档餐厅、会客厅、办公室等墙面绿化。

3. 了解栽植容器及设施构造

（1）常见栽植容器类别：花盆是重要的花卉栽植容器，主要类别如下。

①素烧盆　又称瓦盆，采用黏土烧制，有红盆和灰盆两种。

②陶瓷盆　又称瓷盆，为上釉盆，常有彩色绘画，外形美观，但通气性差，不适宜植物栽培，仅适合作套盆，供室内装饰之用。除圆形外，也有方形、菱形、六边形等。

③木盆或木桶　需要用40cm以上口径的盆时即采用木盆或木桶。形状以圆形为主，但也有方形。

④水养盆　盆面阔大而较浅，专用于水生花卉盆栽。

⑤兰盆　专用于栽培气生兰及附生蕨类植物。也常用木条制成各种式样的兰筐代替兰盆。

⑥盆景用盆　深浅不一，形式多样，常为瓷盆或陶盆。

⑦塑料盆　质轻而坚固耐用，可制成各种形状，色彩也较为丰富。

（2）生态绿墙基本构造：绿墙系统，由单元模块、结构系统和灌溉系统三部分组成。

①单元模块　"绿墙"形成的绿化面由多个单元模块组合而成，每一个单元模块是一个完整的"种植箱"，由箱体、生长基质、植物材料三部分组成。每个单元模块是相对独立的单元，可以脱离整体单独存在。

②结构系统　单元模块依靠结构系统与灌溉系统的连结成为整体。结构系统是"绿墙"的骨架，灌溉系统就是"绿墙"的营养供给装置。结构系统主要采用钢材在建筑立面形成钢结构。

③灌溉系统　多采用滴灌方式对植物进行灌溉。灌溉系统除了供给植物生长的水分需求外，还承担液态肥料输送的任务。灌溉系统一般由水管、水泵、程序控制器、施肥器、

过滤器、电子阀、抗阻塞微灌溉滴管等部分组成。

4.常用内庭绿化植物材料认知

（1）植物种类：

①木本　南洋杉、巴西铁树、散尾葵、孔雀木、银纹铁、千年木、熊掌木、变叶木、垂叶榕、印度橡皮树、琴叶榕、露兜树、棕竹、鹅掌柴、美丽针葵、鱼尾葵、观音竹、富贵竹、龟背竹、桂花、金橘、冬珊瑚、马拉巴栗、米兰、杜鹃花。

②观叶草本　铁线蕨、细斑粗肋草、广东万年青、文竹、天门冬、一叶兰、花叶芋、箭羽竹芋、吊兰、花叶万年青、绿萝、黄金葛、常春藤、春芋、琴叶蔓绿绒、虎尾兰、豹纹竹芋、鸭跖草、海芋、美人蕉、一品红。

③观花草本　蟆叶秋海棠、花烛、火鹤花、珊瑚凤梨、银星秋海棠、金鱼花、白鹤芋、马蹄莲、瓜叶菊、鹤望兰、红掌、仙客来。

（2）绿墙植物：应选择多年生、根系浅、覆盖力强、观赏效果好、抗性强、病虫害少的植物种类。常见绿墙应用植物材料有：虎耳草、沿阶草、阔叶山麦冬、万年青、吊竹梅、冷水花、银脉爵床、网纹草、彩叶草、凤尾蕨、铁线蕨、长叶肾蕨、佛甲草、红掌、绿萝、虎斑秋海棠、红叶石楠、亮叶忍冬、金森女贞、花叶络石、迷迭香、薄荷、虎尾兰、吊兰、心叶喜林芋、白鹤芋。

例如，北京园博馆绿墙应用植物材料有绿萝、黄金葛、豆瓣绿、合果芋、鹅掌柴、袖珍椰子、肾蕨、橡皮树。

四、作业要求

1.撰写公共建筑内庭绿化调查报告。结合调研内容，总结整理内庭绿化常见的应用形式及其对应的植物种类。

2.完成公共建筑内庭绿化实测图。实测并绘制生态绿墙的植物配置图及构造解析的平面、立面图。

实习 13 展览温室

展览温室（ornamental green house）是室内植物栽培展示的形式之一，是一个展示各类植物、保存植物资源、保护生物多样性、进行园艺研究、开展国际交往的场所；同时，又是对公众开展科普教育、普及植物学知识、培养自然环境保护意识的场所。

展览温室作为一种独特的建筑类型，随着欧洲经济殖民主义的发展而产生，始于17~18世纪，流行于20世纪。随着科技的发展，其建筑的外形、材料、结构、空间分隔、温湿度调节手段等出现了日新月异的变化，以满足植物生长的各种环境需求。

19世纪中叶至20世纪上中叶是温室发展史上最辉煌的一段时间，温室内出现了热带雨林等景观，如美国费城的朗伍德植物园温室、密苏里植物园温室、英国皇家植物园展览温室、日本东京的"梦之岛"展览温室等。现在的温室由过去的一个建筑整体空间发展为分散的新格局，以控制不同的生态环境，如加拿大蒙特利尔植物园展览温室、美国生物圈2号温室群、国家植物园（北园）展览温室等。由于不同展览单元相对独立，其环境的可控性大大提高。

一、实习目的

认识常用的展览温室植物种类及景观营造方法，了解展览温室景观分区的基本构成和游览组织体系。了解温室植物生长需求与室内生长环境条件建设之间的关系。

二、实习工具

相机、温室植物识别手册。

三、实习内容和要求

1. 展览温室植物识别与应用

展览温室不同于一般室外的专类园，多是以收集热带雨林植物、食虫植物、多肉植物等珍奇、稀有植物为主。这些植物是科学研究的素材，也是展览温室景观设计重要的展品。

（1）棕榈科植物识别与应用：棕榈科植物通常应用于专类展区，如英国邱园的棕榈温室、国家植物园（北园）万生苑温室棕榈科展区等。常见棕榈科植物有：棕榈、董棕、贝叶棕、大王椰子、酒瓶椰子、三角椰子、袖珍椰子、加拿利海枣、三药槟榔、假槟榔、槟榔、猩红椰子、散尾葵、老人葵、圆叶蒲葵、大叶蒲葵、美丽针葵、小省藤、麻鸡藤等。

（2）热带雨林植物识别与应用：热带雨林植物种类繁多，以高大的阔叶乔木为主，有板根支撑和明显的垂直层次。根据群落层次不同，常见热带雨林植物可分为如下三类。

①树高 10m 以上的代表性植物　伊拉克蜜枣、王棕、四数木、橡胶树等。

②树高 5～10m 之间的代表性植物　望天树、榕树、菩提树、董棕、土沉香、盆架树、依兰香、凤凰木、重阳木、香蕉、番木瓜、刺桐、楠木、青梅、大黄栀子、槟榔青、山栀子、坡垒、团花等。

③树高 5m 以下的代表性植物　木本层有鸡蛋花、蒲桃、假苹婆、胭脂树、蚬木、五桠果、油桃、枇杷、蛋黄果、神秘果、咖啡、苦丁茶、木奶果、银钩花、篦齿苏铁、洋紫荆等。草本层有柊叶、艳山姜、沿阶草、仙茅、麒麟叶、海芋等；藤本植物有大果油麻藤、翅子藤、扁担藤、磕藤子、藤金合欢、多籽五层龙、买麻藤等。

（3）仙人掌及多浆植物识别与应用：由于生长环境要求特殊，仙人掌及多浆植物一般独立成景，不与其他种类植物组合。根据外形特征的不同，可将此类植物分为柱类区、球类区、芦荟区等。

①柱类区　秘鲁天轮柱、山影拳、茶柱、龙神木、近卫柱、武伦柱、吹雪柱、白闪、幻乐柱、老乐柱、老翁、翁柱等。

②球类区　金琥、白刺金琥、狂刺金琥等。

③芦荟区　库拉索芦荟、中华芦荟、金边龙舌兰、霸王鞭、佛肚树、光棍树、棒槌树、沙漠玫瑰、辣木等。

（4）兰科、凤梨等附生植物识别与应用：附生植物生长环境阴湿、高温，应用环境类似热带雨林。这类植物凭借附生的特点，组景方式变化丰富，常结合其他高大乔木、藤本植物等布置景观。常见植物种类有兰科、附生蕨类、食虫植物等。

①兰科　大花蕙兰、卡特兰、兜兰、石斛、瘤瓣兰、蝴蝶兰、万带兰等。

②附生蕨类　鸟巢蕨、皇冠蕨、肾蕨、苏铁蕨等。

③食虫植物　猪笼草、瓶子草等。

④乔、灌木　榕树、鸡蛋花、大叶米兰、榕叶柏那参、桫椤、肉桂、蒲桃、黄花夹竹桃、印度橡皮树、马拉巴栗、苏铁、荔枝、枇杷、香蕉、芭蕉、海芋、杧果、假鹰爪、鹅掌柴、变叶木、扁担藤、山茶、蒲桃、珊瑚豆等。

2. 了解植物展区主题内容与功能布局

展览温室需要根据展示主题的不同或结合时令节假日，举办不同活动，达到娱乐游憩和科普教育的目的。因此，在展区布置和景观设计上，展览温室既要满足植物园赋予的植物收集和科普教育功能，又要突出展览功能。

（1）了解展览温室中植物展示常见的主题和内容、基本的布局方式，以及空间特征：展览温室的主题需要在充分调研的基础上，结合考虑城市气候特点、城市生态发展需求、所在植物园主题定位以及游客的喜好确定。展览温室功能布局方式应突出地域特征，合理确定植物展区的类型、面积和布展方式。同时，各展区的面积和布展方式须综合考虑气候条件、植物生活型特点以及建筑净空高度等。

（2）了解不同展区植物生长环境的基本需求，包括温度、湿度和土壤条件：展览温室是一个接近密闭的人工空间，仅以玻璃或其他透光材料作为外墙围护，在隔热和保温性能上要比一般展览建筑差，受外界气候影响大。而温室植物一般对气候要求都比较严格。因此，展览温室须配备完备的控制系统，如遮阳系统、通风系统、供暖系统等，通过对空气、光照、温度、湿度等气候因子的人工控制，尽可能地为展示植物创造原生环境。

（3）了解不同展区植物的景观特征和造景方式：常见温室景观大多按植物地带性类别划分，因此，展区的构成及布局有：棕榈花园区，热带雨林区，热带水生植物区，热带果树区，仙人掌及多浆植物区，兰科、凤梨等附生植物区、高山植物区等。

①棕榈花园区　棕榈科植物以特殊的外形和靓丽的叶片形成独干通透的林下景观，配置丛生竹类、四季鲜花和一些阴生植物，共同组成迷人的四季有花、终年有绿的景观。

②热带雨林区　营造东南亚热带雨林典型景观特征，如老茎生花、绞杀、气生根、板根、独木成林等奇趣自然现象，常用植物如龙脑香科植物、苦苣苔科、姜科、兰科、棕榈科等。

③热带水生植物区　主要展示热带水生植物的多样性，常用植物如睡莲科、王莲科等；通过水岸边植物类群立体化展示雨林水景景观，常用植物如槟榔类、椰子类等。

④热带果树区　以热带观果类植物和其他热带经济作物为主。常用植物如棕榈科的槟榔、椰子，芸香科的柚，无患子科的荔枝，山榄科的神秘果等。

⑤仙人掌及多浆植物区　造景以沙漠植物组成自然群落，如以奇特的巨人柱等仙人掌科植物和龙舌兰科植物为背景，高低错落地配置百合科、景天科、大戟科等植物；或模拟非洲荒漠景观，如以辣木等为主景，以芦荟等为铺底。

⑥兰科、凤梨等附生植物区　以附生植物（如兰科、凤梨科、天南星科等植物）为主，展示附生现象特有的立体空间绿化景观。

⑦高山植物区　以草本或垫状高山植物为主，营造出缩微的高山草甸和流石滩的自然生态景观，常见植物如报春花科、龙胆科和杜鹃花科。

（4）了解温室建筑的基本特点及维系植物生长环境的设备、设施组成：了解每一类展区内植物所需的水、气、湿、热等基本生长条件。温室的设备、设施包括供暖冷却系统、喷淋系统、遮阴设备等。

四、实习作业

1.撰写展览温室常用植物调研报告。结合展览温室的实地调研成果，总结整理常用植物种类，并详细描述其园林应用方式。

2.完成展览温室主题与布局调研报告。总结展览温室的主题内容与功能分区，以及不同展区中植物展示的基本类型和室内环境条件。

五、实例

1.国家植物园（北园）展览温室

国家植物园（北园）展览温室占地 5.5hm²，总建筑面积 17 000m²，其中，展览温室

9800m²，配套生产温室 6000m²，维护、生产等附属用房 1200m²。展览温室的植物景观布展面积为 6500m²，主要划分为热带雨林（1300m²）、沙漠植物（1000m²）、兰花、凤梨及食虫植物（800m²）、四季花厅（3400m²）4 个展区（图 13-1）。

国家植物园（北园）展览温室在植物引种与栽培上体现了珍、奇、特、大四个特点。建成开放后展出的植物品种已达 3100 种（含品种），预计远期可逾 5000 种，其中，已经搜集、保护的国家珍稀濒危植物逾 40 种。

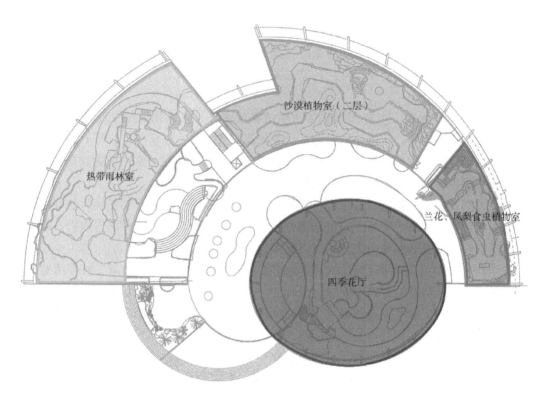

图 13-1 国家植物园（北园）展览温室分区图（谢潇萌 绘）

2. 上海辰山植物园展览温室

上海辰山植物园位于上海佘山国家旅游度假区内，是一个集科学研究、观赏游览、科普教育于一体的综合性质的植物园。展览温室是植物园核心的展览场所，也是亚洲最大的展览温室，建筑群面积为 12 608m²。展览温室从 2009 年就致力于国内外温室材料的选择，现收集达 6000 种。

辰山展览温室由 3 个独立的温室组成群体：热带花果馆（Indoor Garden）、沙生植物馆（Succulents Greenhouse）、珍奇植物馆（Rare and Exotic Plants Greenhouse），以棕榈科植物、四季花卉、经济植物、热带雨林植物、阴生植物、食虫植物、多肉类植物专类植物以及植物的生境为展示主题，各温室之间既相互独立又彼此连接（图 13-2）。

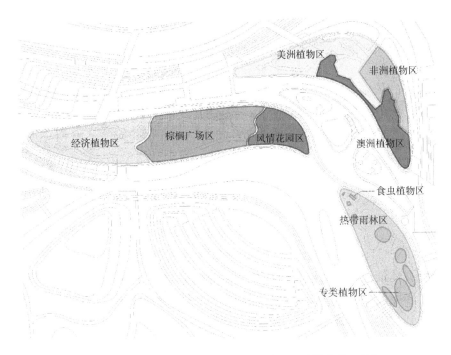

图 13-2　上海辰山植物园展览温室分区图（谢潇萌　绘）

VI 园林花卉立体景观

园林花卉立体景观的设计主要是通过适当的载体（如各种形式的容器和组合架）及花卉材料，结合环境色彩美学与立体造型艺术，通过合理的植物配置，将园林植物的装饰功能从地面延伸到立面，达到较好的三维立体绿化的装饰效果。

根据景观特点和所用植物材料的不同，可将园林花卉立体景观分为垂直绿化和花卉立体装饰两类。垂直绿化是指用各种攀缘植物对现代建筑的立面或局部环境进行竖向绿化装饰，或专设篱、棚、架、栏等布置攀缘植物的绿化方式。花卉立体装饰则包括立体花坛、悬挂花箱、花槽、花篮、花钵、组合立体装饰体。

实习 14　墙面绿化

墙面绿化（green wall）泛指对建筑或其他人工构筑物的墙面（如各类围墙、建筑外墙、高架桥墩或柱、桥涵侧面、假山石、裸岩、墙垣等）进行绿化的种植形式。墙面绿化需考虑墙面的高度、朝向、质地等，选择适宜的植物种类和种植形式。

一、实习目的

通过对墙面绿化的调查与分析，了解墙面绿化常见的形式和手法，并熟知墙面绿化常用的植物材料，直观感受不同场地条件下植物材料的适用性问题。

二、实习工具

皮尺、绘图工具、相机。

三、实习内容和要求

1. 了解墙面绿化常见的形式（图 14-1）

（1）模块式墙面绿化：即在方形、菱形、圆形等单体模块上种植植物，待植物生长好后，通过合理的搭接或绑缚固定在墙体表面的不锈钢或木质等骨架上，形成各种形状和景观效果的绿化墙面。

（2）铺贴式墙面绿化：即在墙面上直接铺贴已培育好的绿化植物块。

（3）攀爬或垂吊式墙面绿化：是传统的墙面绿化形式，是在墙面设置植生槽，在槽中种植攀爬或垂吊的藤本植物，如地锦、络石、常春藤、扶芳藤、绿萝等。

（4）摆花式墙面绿化：即在不锈钢、钢筋混凝土或其他材料等做成的垂面架中安装盆花以实现墙面绿化。

（5）布袋式墙面绿化：是在铺贴式墙面绿化基础上发展起来的一种更为简易的工艺系统，主要应用于低矮的墙体。

（6）板槽式墙面绿化：是在墙面上按一定的距离安装"V"型板槽，在板槽内填装轻质的种植基质，再在基质上种植各种植物，通过滴灌系统供水。

2. 熟悉墙面绿化的配置技术

（1）了解不同辅助攀缘设施的类型和使用方法：对于攀缘植物的支撑结构，往往根据不同习性的藤本植物做不同的处理。在实习过程中，记录不同藤本植物使用的攀缘设备类型，并记录其使用方法。

支撑结构包括点式支撑（金属小构件）、点线式支撑（金属小构件、金属绳）、线式支

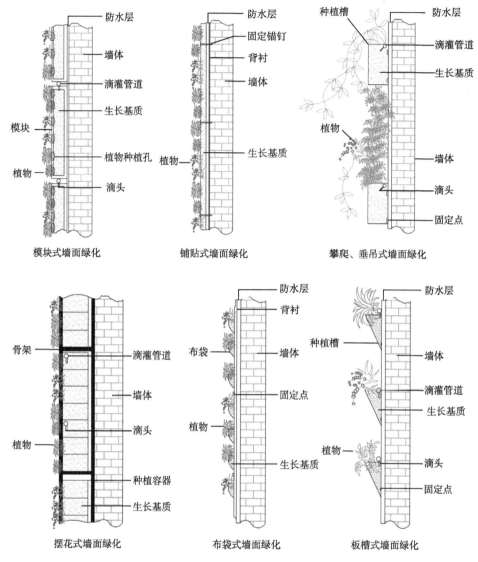

图 14-1　墙面绿化常见形式

[依黄东光等《墙面绿化技术及其发展趋势——上海世博会的启发》改绘]

撑（竿、绳索）、面式平面网格支撑（金属网格、木质网格）等。

（2）观察攀缘植物的配置方法和植物的攀附力：墙体绿化的植物配置受墙面材料等因素的制约。粗糙墙面，如水泥混合砂浆和水刷石墙面，攀附效果最好；光滑墙面，如石灰粉墙和油漆涂料，植物攀附比较困难，因而不同墙面所选择的绿化植物的攀爬能力会有所差别。

观察不同墙面材料所使用的植物种类配置方式和绿化覆盖效果，比较不同植物攀附能力的强弱。

（3）墙面朝向与植物选择之间的关系：建筑朝向不同，光照条件存在较大差异，其绿化立面所选用的植物不同。建筑北墙面绿化应选择耐阴植物；西墙面绿化则应选择喜光、耐旱的植物。如北向墙面常选用常春藤、薜荔、扶芳藤；南向墙面选用凌霄、藤本月季。

分别观察并记录4个朝向的墙面所用立体绿化植物的种类、配置方式和绿化覆盖效果，比较分析不同朝向适宜使用的植物种类及其生态特性。

（4）不同墙面高度与植物选择之间的关系：由于不同植物攀爬能力有区别，能够攀爬的高度存在差异，所以不同高度的墙面需要选用不同的植物种类进行绿化。

单层建筑利用藤蔓类植物的吸附、缠绕、下垂等特性进行墙面绿化的做法比较常见。使用的植物无需要求攀爬高度，选择广泛。低矮墙面选用扶芳藤、薜荔、杠柳、常春藤、络石、凌霄等；2m以上常选用爬蔓月季、扶芳藤、铁线莲、常春藤、牵牛花、茑萝、猕猴桃等；5m左右常选用葡萄、葫芦、紫藤、丝瓜、金银花、木香、地锦等。

多层建筑利用藤蔓植物进行绿化时通常使用有支撑的绿化类型。此时选用的植物攀爬能力强，如地锦、美国地锦、美国凌霄、山葡萄等。

高层建筑利用藤蔓式墙体绿化时，通常结合阳台、窗台或墙而上的种植槽使用，分段绿化从而达到全面绿化建筑的效果。

四、作业要求

撰写墙面绿化调查实习报告，结合实地调研内容，采取图文并茂的方式记录不同高度的建筑使用的墙面绿化方式和选择植物种类（表14–1）。

表14-1 墙面绿化调查统计表

序号	建筑类型			墙面类型					墙面绿化形式	攀缘辅助设施		植物材料		
	单层	多层	高层	砖砌	石材贴面	石砌	混凝土墙面	水泥砂浆抹面		材质	高度	植物种类	栽植密度	覆盖度
1														
2														
3														
4														
...														

实习15　棚架绿化

棚架是园林中最常见、结构造型最丰富的构筑物之一。在进行棚架绿化的时候，需要根据具体的环境及对棚架功能要求选择适当的造型和材料，使棚架和植物材料有机地融为一体，既起到隔景、遮阴、供游人休憩游赏的目的，自身又能成为园林景观。

配置于棚架的植物通常选择生长旺盛、枝叶茂密、开花结果的攀缘植物和藤本植物。配置时应从景观要求出发，结合棚架情况选择适宜当地气候且栽培管理简便的花卉。

一、实习目的

了解棚架绿化的基本类型、棚架结构的特点、常用的植物材料及其与棚架结构的关系。

二、实习工具

相机、皮尺、纸、笔。

三、实习内容和要求

1. 了解棚架的基本类型

依照建造的材质不同，棚架的类型有竹木、绳索、钢筋混凝土结构、砖石结构、金属结构、混合结构。了解不同类型棚架的结构特点，坚实程度，体量大小，以及在园林中应用的方式，并进行拍照记录。

2. 观测植物种类与棚架体量和结构的关系

观察不同体量的棚架所使用的植物种类，整理记录。

小型棚架包括绳索结构、金属结构、竹木结构的花架，可以栽植体型轻便的草本攀缘植物（如牵牛花、啤酒花、茑萝、扁豆、丝瓜、月光花、葫芦、香豌豆、何首乌、观赏南瓜等），以及中小型木本攀缘植物（如葡萄、常春油麻藤、猕猴桃、蛇葡萄、常春藤、藤本月季、蔷薇、硬骨凌霄、金银花等）。大型花架包括混凝土、砖石结构的花架，可以栽植大型藤本，如紫藤、凌霄、猕猴桃、木香、蝙蝠葛、南蛇藤、地锦等。

3. 棚架实测

实测对象可选择紫藤棚架、葡萄架、油麻藤架或凌霄架，对其尺寸进行测量并绘图，准确绘制棚架结构及做法。

四、作业要求

1.撰写棚架绿化植物材料调查报告 1 份。

2.完成棚架实测图 1 套，比例尺 1:50/1:100，包括平面图 1 张、顶视图 1 张、立面图 2 张。

实习 16 花卉立体装饰

花卉立体装饰源自盆栽植物，是人们在对盆栽植物的应用中发展和完善起来的新兴装饰手法。植物立体装饰在欧洲应用较早，一些传统形式，如吊篮，在英国已有 100 多年的历史，而阳台、窗台及栏杆上的槽式立体植物种植也在很早之前就已成为美化城市的重要手段。现今，随着技术的发展，植物立体装饰在形式与内容上都有了长足的发展。

一、实习目的

了解花卉立体装饰使用的主要形式、立体装饰容器的材料、常用的植物材料、常见的使用场所，观察其必需的养护措施。

二、实习工具

相机、皮尺、纸、笔。

三、实习内容和要求

1. 认识不同花卉立体装饰形式的常用植物种类

根据其生长习性、绿化观赏特征及园林中用途的不同，可用于花卉立体装饰的花卉可以分为 4 类：攀缘植物、匍匐植物、垂吊植物、直立式植物。在实习中观察各种植物立体装饰容器分别适合的植物种类及其景观特征，进行记录。

①攀缘植物　通常又称藤蔓植物，这类植物茎细长、不能直立，但具有借自身的作用或特殊结构攀附他物向上伸展的习性。依据形态和攀附习性的不同，这类植物又可分为缠绕类、卷须类、蔓生类、吸附类和依附类。

②匍匐植物　茎细长柔弱，缺乏向上攀爬能力，通常只匍匐平卧地面或向下垂吊，如蔓长春花、盾叶天竺葵、旱金莲、紫竹梅等。这类植物是悬吊应用的优良材料。

③垂吊植物　因附生而向下悬垂，或因枝条生出后而向下倒伸或俯垂，有的则因叶片柔软而下垂。常见的垂吊植物如鹿角蕨、昙花、迎春、夜香树、盾状天竺葵等。这些植物主要用于岩壁绿化或悬垂装饰等。

④直立式植物　适用于花卉立体装饰的种类丰富，应用也极为广泛。这类花卉的植株向上直立生长，高度 20～60cm 不等，其中株型低矮、花朵密集、花期较长的种类可以用于以卡盆为组合单元的立体装饰造型，突出群体的美化效果；株型较高的种类，可以用于大型花钵、花槽、吊篮、旋转立篮、壁挂篮，成为栽植组合的中心材料和色彩焦点。常用的直立式植物有四季秋海棠、长寿花、新几内亚凤仙、丽格海棠、鸡冠花等。

2. 了解不同花卉立体装饰形式常见的容器材料及适宜使用的场所

观察花卉立体装饰常用的容器材料，按照不同的立体装饰形式分别记录，并观察不同场所中使用的立体装饰形式。

①悬挂花箱、花槽　有木质、陶质、塑料、玻璃纤维、金属等多种材质，多为长方体壁挂式，安装在阳台、窗台、建筑物的墙面，也可装点于护栏、隔离栏等处。

②花篮　多用金属、塑料或木材等做成网篮或以玻璃钢、陶土做成的花盆式吊篮。广泛应用于门厅、墙壁、街头、广场以及其他空间狭小的地方。

③花钵　其构成材料多样，可分为固定式和移动式两大类。除单层花钵外，还有复层形式。可通过精心组合和搭配而运用于不同风格的环境中。

④组合立体装饰体　这种形式包括花球、花柱、花树、花塔等造型组合体。组合装饰多以钵床、卡盆等为基本组合单位，是可以充分展现设计者的创造力和想象力的一种花卉装饰形式。

3. 熟悉花卉立体装饰的养护措施

观察、拍照记录花卉立体装饰的各种养护措施，熟悉灌溉、施肥、修剪的做法及注意事项。

①灌溉　需要注意灌溉的水质、时间。可以使用传统灌溉方式，也可以滴灌。吊篮等立体装饰通常置于温度较高、光照较强的环境中，基质干燥速度快，需要采取适当的保水措施。

②施肥　在立体花卉装饰中，展示时间超过 1 个月，都应该制订合理的施肥计划，根据植物种类选择适宜的肥料类型。施肥方法有施用基肥和追肥两种。

③植株的去残及修剪　定期清理残花、种子、枯叶。对于生长过快的植物进行适当的修剪或摘心。

四、作业要求

撰写花卉立体装饰调查报告，内容包括植物种类、容器类型和养护措施。

VII 水生植物景观

　　水生植物（aquatic plant）在植物学意义上是指常年生活在水中，或在其生命周期内某段时间生活在水中的植物。中国是世界上水生植物种质资源较为丰富的国家之一。全世界水生植物有87科168属1022种，而中国水生维管束植物有61科145属400余种及变种，而适宜北方生长的约有35科80余属180余种，具有园林观赏价值的有31科42属115种，广泛分布在海拔350m以下不同纬度的水域中。

　　水生植物在营造园林水景中是不可缺少的材料。园林中构筑了水景，就需要水生植物的点缀，因水生植物的增添更富观赏效果。园林中的水景为湿生、沼生、水生植物的栽培提供载体，水生植物赋予园林水景生命力。

　　除了较高的观赏价值，水生植物还可以净化和改善水质，成为城市生态滨水景观设计的必要元素。水生植物对生态环境的改善作用主要体现在以下5个方面：

　　①为水中异养生物提供食物和能量，维护生态系统平衡；

　　②为微生物提供生存空间和代谢场所；

　　③维持水岸带的微环境特征；

　　④去污净水，增强河流水体自净能力；

　　⑤部分水生植物对藻类有化感抑制作用。

　　目前在全国范围内，北京、杭州、武汉、南京、苏州等城市在水生植物的园林造景及湿地应用方面居全国领先。其中，北京市较早应用水生植物造景的绿地主要有国家植物园（北园）、国家植物园（南园）、柳荫公园、转河滨河绿地；南京市以水生植物为主题景观的公园有玄武湖公园、莫愁湖公园、南湖公园、白鹭洲公园、琵琶湖公园、月牙湖公园等。

实习17　水生植物材料调查及物候观测

一、实习目的

掌握水生植物的种类、应用类型及物候特征。

二、实习工具

相机、卷尺、纸笔等。

三、实习内容和要求

1. 掌握水生植物的分类及特点

（1）挺水植物：其根或根状茎生于水中底泥下，植株茎叶高挺出水面，如香蒲、水葱、黄花鸢尾、菖蒲、水烛、芦苇、荷花、泽泻、雨久花等。

（2）浮叶植物：其根或根状茎生于水中底泥下，无明显的地上茎或茎细弱不能直立，叶片通常漂浮于水面上，如菱、睡莲、眼子菜、芡实、萍蓬草等。

（3）漂浮植物：这类水生植物较少，其根悬浮于水中，植物体漂浮于水面，可随水流四处漂泊，多数以观叶为主，为池水提供装饰和绿荫，如凤眼莲、浮萍、满江红等。

（4）沉水植物：其根或根状茎扎生或不扎生于水中底泥下，植物体沉没于水中，不露出水面，如黑藻、苦草、菹草、金鱼藻、竹叶眼子菜、狐尾藻、水车前、石龙尾、水筛、水盾草等。

（5）岸际滨水植物：沿岸耐湿的乔灌木，如落羽杉、水杉、水松、小叶榕、木芙蓉、夹竹桃、蒲葵等；还包括能适应湿土至浅水环境的水际植物或沼生植物，如薹草属、灯芯草属、落新妇属、报春花属、金莲花属、萱草属、玉簪属、菖蒲、石菖蒲、驴蹄草、燕子花、黄菖蒲、假升麻的一些种和品种等。

2. 掌握常见水生植物材料的识别要点

常见水生植物材料有：芦苇、香蒲、茭白、荷花、千屈菜、水葱、菖蒲、再力花、睡莲、芡实、荇菜、水鳖、眼子菜、凤眼莲、浮萍、大薸、田字苹、黑藻、苦草、狐尾藻、水车前等。

3. 观察水生植物材料的物候期

（1）水生植物的物候期：了解各种水生植物材料在不同物候期中的习性、姿态、色彩等景观效果的变化，才能通过合理的配置营造更良好的景观。水生植物大多为草本植物，在物候的观测上与木本植物有所区分。不同类型的水生植物物候特征有所差别，其物候观测以物候特征较为明显的挺水植物、浮叶植物和漂浮植物为主。

（2）典型水生植物材料物候期的观察方法：

①观测目标与地点的选定

——各小组按照统一的植物材料名录，从观测水景中选择生长健康的植物作为观测对象；

——优选物候特征较为明显的水生植物或岸际滨水草本植物材料作为观测植株；

——草本植物单株间物候差异较大，为使结果更准确，最好选择多株植物同时观测；

——观测植株选定后应做好标记，并绘制平面位置图存档。

②观测时间与方法

——可根据观测目标和所选择植物材料的观赏特性来决定观测间隔时间的长短；

——应靠近植株观察各发育期，不可远观或粗略估计进行判断。

③观测项目与特征

——萌动期：记录地下芽出土或地面芽变成绿色的日期；

——展叶期：分别记载展叶始期和展叶盛期。植株上开始展开小叶，就是进入展叶期；

——花期：记载花序或花蕾出现期、开花始期、开花盛期、开花末期和第二次开花期。在选定观测的同种植物上，见到一半以上植株，有5%的花瓣完全展开时为开花期；在观测植物上见有一半以上的花蕾都展开花瓣或一半以上花序松散下垂或散粉时，为开花盛期；在观测植株残留约5%的花时，为开花末期，以花序脱落时为准；

——果期：分别记载果实开始成熟期、果实全熟期、果实脱落期。果实或种子成熟主要根据颜色决定。当植株上的果实开始变为成熟初期的颜色，是开始成熟期；有50%成熟时，是全熟期；果实脱落期是指从成熟种子开始散布或连同果实脱落开始至基本脱完；

——枯黄期：记载开始枯黄期、普遍枯黄期、完全枯黄期，以下部基生叶是否枯黄为准。植株下部基生叶开始枯黄，是开始枯黄期；达到一半枯黄，是普遍枯黄期；完全枯黄时为全部枯黄期。

四、作业要求

1. 撰写水生植物物候观察实习报告。3～5人一组，每组选择2处不同类型的水生植物群落进行物候观察，并填写水生植物物候观察记录表，完成实习报告。

2. 记录物候期。物候观测应按时进行，随看随记，不可凭记忆或事后补记。详细记录各种植物物候期的形态特征（表17-1）。

表 17-1 水生植物物候观察记录表

观察日期: 　　　观测点位置: 　　　北纬: 　　　东经: 　　　海拔: 　　　观察员:

植物名称	时间	萌动期		展叶期		花　期			果　期			枯黄期		
		芽出土	芽变绿	展叶初期	展叶盛期	始花期	盛花期	末花期	开始成熟期	全熟期	脱落期	开始枯黄期	普遍枯黄期	完全枯黄期

实习 18　水生植物景观及种植设计要点

一、实习目的

学习各类水生植物景观的类型、特征和水生植物群落种植设计的基本方法。

二、实习工具

相机、卷尺、纸笔、绘图工具等。

三、实习内容和要求

1. 掌握水生植物群落的构建方法

（1）水生植物群落设计：水生植物群落的构建需要考虑其种类构成和结构特征。水生植物群落一般为单优势群丛或两种共同优势群丛，伴生种为不同生态位或生态型的种类。设计时需使植物符合在自然群落中垂直分布和水平分布的特点，布置水生植物时要呈丛或块，不可等距离或均匀种植，模拟自然植物群落某一阶段的形态结构。

①垂直空间配置设计　按植物的生态习性设置深水、中水及浅水栽植区，从岸边到池中央依次为沼生、湿生、浅水、中水再到深水植物种植区，构建复层种植结构，形成层次丰富的植物群落。

②水平空间配置设计　在水域平面上配置不同的植物群落。选择垂直高度相差较小的几种植物形成小的群落组合，构建丰富的水平植物空间，如图 18-1 所示。

（2）水生植物配置原则：水生植物的配置以满足植物的生态需求为基本原则。在了解水生植物自然群落更替的基础上，根据园林水体的类型、深浅等选择合适的植物种类，并

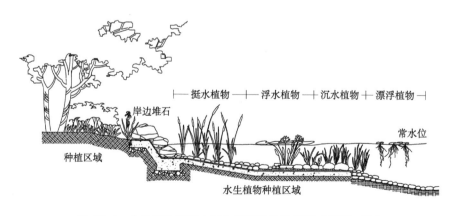

图 18-1　水生植物群落水平与垂直结构示意图（彭蕾　绘）

合理地构筑种植设施，通过后期合理的人工养护确保水生植物的正常生长。配置时注意水生植物与水体之间的色彩构图、线条构图、透景与借景及水面倒影的营造。

2. 掌握水生植物设计要点

（1）水生植物种植密度：种植密度需要根据植物个体大小、繁殖能力以及水域环境条件等情况确定。对于丛生性植物，以丛作为密度单位进行设计，单丛 3～20 株或芽；对于散生性植物，以株或芽作为密度单位，具体植株密度因植物体型大小而异。

（2）水生植物栽植区域：一般水景园中以留出 1/3～1/2 水面为宜。如设计浮叶植物时，其叶片所占面积不超过水面的 1/3，否则会影响水中倒影及景观透视线。以合适的比例选择浮叶植物、漂浮植物及适宜的挺水植物控制水面的大小。

水缘的种植应避免围绕岸边种植一圈植物，应间断有序种植，留出 3～7m 大小不一的缺口，以便赏景。

（3）水生植物栽植深度：不同水生植物对栽植水深都有特定的要求。多数水生高等植物适合的水深为 100～150cm，挺水及浮叶植物常以 30～100cm 的水深为宜，而岸际沼生、湿生植物种类只需 20～30cm 的浅水即可。可按水生植物对栽植深度的不同要求，在水中砌筑高度不等的水泥墩，再将栽植盆放在墩上。

3. 熟悉不同类型水生植物景观的设计特点

（1）自然式水景园：其植物造景呈现一种自然、随意的意趣，以自然式种植形式为主。

①大型自然式水池　水域面积大，主要考虑远视和整体的景观效果。植物群落的尺度与水域相称，配置以量取胜，注重整体壮观而连续的效果。常见水生植物群落如睡莲、芦苇、荷花、千屈菜、香蒲等。

②小型自然式水池　注重近景植物的配置，考虑水面的镜面作用，配置时不宜过于拥挤，以免影响水中倒影及景观透视线。浮叶与挺水植物的比例要保持恰当，避免产生水体面积缩小的视觉效果。

③自然河流　河流两岸的水生植物景观应避免所有植物组丛处在同一水平线上，水生植物景观多宜高低错落、疏密有致。

（2）规则式水景园：多采用规则式的配置形式，植物种类和种植形式都较简单，主要植物群落在水面上有规律地排列。岸边多规则地种植绿篱或乔木，也常用人工修剪的植物造型树种，如一些欧式水景园。

四、作业要求

1. 完成水生植物群落测绘图纸，观察不同类型水景的植物群落，选取 3～5 处典型的水生植物群落进行平面图、立面图的测绘。

2. 完成水生植物群落名录表，观察记录水生植物群落中的植物材料，包括植物名称、类型、观赏特性、观赏期、组群尺度、水体类型等。

实习 19　水生植物群落建植技术

一、实习目的

了解水景园中水生植物群落建植的工程技法及其养护管理措施。

二、实习工具

园艺用具、种植土、植物材料等。

三、实习内容和要求

1. 了解水生植物种植设施

（1）容器栽植：将植物单株栽植于较小容器或几株栽植于较大容器，并置于池底。水池太深无法满足水生植物需求时，可在池底按要求高度放置金属架或砌筑水泥墩基座，将水生植物种植于容器中再置于支座或基座上，使水生植物露出水面。

（2）植床栽植：根据景观需要在水面上放置生态浮岛，适用于漂浮类水生植物的种植。将水生植物圈入其中，营造水面景观，点缀水面，丰富水体形态。

（3）池底砌筑种植槽：

①根据不同类型水生植物种植要求的不同，做成不同高度的台阶状种植池，满足不同水深要求的植物。栽植槽内铺设至少 15cm 厚的培养土，栽植各类水生植物。

②为确保水生动植物能更好地存活，减少互相之间的影响，可以在水池底砌筑界墙，用金属网将植物隔离种植（图 19-1）。

2. 了解水生植物材料的栽植技术

（1）栽植时间：优先选择多晴少雨的季节进行施工。大部分水生植物在 11 月至翌年 5 月起挖移栽，水生植物在生长季节也可移栽，但需摘除部分的叶片。

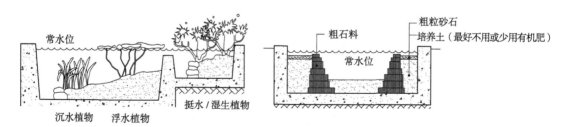

图 19-1　池底砌筑栽植槽示意图［依董丽《园林花卉应用设计》（第 4 版）改绘］

（2）栽植方法：

①确定各种植物的种植位置、面积和深度。

②施工前测量水体常水位，避免因水位的变动导致水生植物栽植水深不合理。

③为使水生植物更好繁殖发育，每块根茎上须留有 1～2 个饱满的芽和节，大根茎可以分切成几块。睡莲、荷花、鸢尾、千屈菜等都以根茎繁殖和分栽。

④水生植物栽植深度以不漂起为原则，压泥厚 50～100mm。在种植时要做到用泥土压紧压好，避免栽植的根茎漂出水面，防止抽芽后不入泥而长在水中。

3. 了解水生植物的养护管理要点

①检查是否存在病虫害；

②检查植株是否拥挤，一般每 3～4 年分株一次；

③清除死亡的叶片，限制植物的蔓延生长，保持水池的有序性；

④定期施肥，常以油粕、骨粉的玉肥作为基肥；

⑤若同一水池中混合栽植各类水生植物，必须定时疏除繁殖较快的种类，避免植物过度覆盖水面；

⑥为避免蚊虫孳生和水质恶化，当水质浑浊时，须及时换水，夏季须增加换水次数。

四、作业要求

1. 撰写水生植物群落施工及实习报告。以 3～5 人的小组为单位，完成 1 处水生植物群落的施工及植物材料的栽植，并撰写实习报告。

2. 撰写水生植物群落养护管理调查报告。结合实地调查结果，分析水生植物群落的养护管理工作及相应的设施设备。

VIII 专类园

专类园（specialized garden）是具有特定的主题内容，以具有相同特质的种类、科属、生态习性、观赏特性、利用价值等的植物为主要构景元素，以植物的搜集、展示、观赏为主，兼顾生产、研究的植物主题园。

随着人类文明发展进程的推进，专类园的功能由最初经济作物圃地、药用植物教学研究试验场，到园林植物的观赏园地，逐渐转变为现今集物种保护、植物展示、科学研究、科普教学、观赏休憩等多项功能于一体的植物主题园区。

1. 专类园的发展历程

5世纪时，欧洲的修道院在院内种植各种经济植物，特别是药用植物。随着观赏花卉的引入，9世纪的修道院内的药圃和花园被认为是专类园的雏形。16世纪，植物分类系统的提出致使植物园内开始出现以其为理论支撑的分类园。17世纪，随着欧洲经济和文化的繁荣，大量奇花异草引入植物园中，促使了以植物原生环境为展示主题的专类园的出现。近几十年来，人类意识到大量植物种类加速灭绝问题的严重性，由此以保护珍稀濒危植物为主题的专类园开始出现，同时，很多植物园也开展了相关的研究和保护工作。

我国也拥有悠久的专类植物栽培历史。秦汉时期，皇家园林"上林苑"中已经出现专类布置观赏植物的造景方式。但是，在这些宫、观中，建筑占有较大比重，仅为专类园的雏形。魏晋南北朝至隋代，观赏植物专类园得到了进一步的发展，很多花圃、宫苑直接以花木的名字来命名，如宋元帝建康的"桑泊"、梁元帝竹林堂的"蔷薇园"等。唐、宋时期，植物的专类栽培和应用更为普遍，如唐长安兴庆宫龙池东北处的"沉香亭"，即为一处牡丹专类园。除宫苑外，在达官贵人以至平民百姓的住宅中也经常栽种牡丹赏玩。

近代，我国植物专类园主要见于植物园和树木园中，形式上常常为附属于植物园的"园中园"或作为其中一个"区"。现今，植物园以外独立性质的专类园造景形式在城市园林和风景区中也已非常普遍，出现了大量规模不一的专类园，如北京紫竹院公园和成都望江楼公园的竹子专类园。

2. 专类园的类别

近年来，植物专类园在主题上不仅展示植物的观赏特点，还扩展到植物的应用价值、生长环境等方面，创造出主题形式丰富多样的专类园，主要类别如下。

　　（1）体现亲缘关系的植物专类园：这类专类园又可以分为同种（如牡丹园、菊圃、桂花园等），同属（如丁香园、小檗园、山茶园等），同亚科、同科植物的专类园（如苏铁园、木兰园、蔷薇园等）。

　　（2）展示生境的植物专类园：这类专类园是用适合在同一生境下生长的植物造景，重点表现这一生境的景观特征，如盐生园、湿生园、岩石园、阴生植物园等。

　　（3）突出观赏特点的植物专类园：这类专类园是将具有相同观赏特点的植物集中布置，以突出表现植物的某类特征，观赏内容包括树皮颜色、树叶颜色、植物散发的气味等，如芳香植物园、色叶植物专类园、多肉植物园、藤本园等。

　　（4）注重经济价值的植物专类园：这类专类园集中栽培某类经济植物，以便能够最大限度地掌握各种植物的特性，同时，不断寻找更为优良的新经济植物材料，如木材植物园、药用植物园、观赏类果蔬园等。

实习 20   牡丹芍药园

牡丹和芍药都是中国特产花卉，具有悠久的栽培历史和丰富的文化内涵。牡丹有"花王"和"国色天香"的雅号；芍药被誉为"花相"，与牡丹并称"花中双绝"，象征着富贵、繁荣、昌盛和吉祥。历史上，牡丹和芍药主要以专类园的形式栽培观赏。

牡丹、芍药的花型、花色相似，花期前后相接，因而在园林绿化上常将两者在园中混栽以延长观赏期，提高专类园的观赏效益。此外，有实践表明，牡丹与芍药混合种植有助于维持土壤良好的生物化学性质。

我国现代比较著名的牡丹芍药园有河南洛阳的王城公园、神州牡丹园，山东菏泽的曹州牡丹园、百花园、古今园，北京的景山公园、国家植物园（北园）的牡丹园、国家植物园（南园），浙江杭州西湖的花港观鱼公园，江苏扬州瘦西湖的"玲珑花界"和国花园等。

一、实习目的

通过对牡丹芍药园实例的测绘，了解牡丹芍药园的选址要求、基本组成要素、观赏特征、展示方式等，从而深入理解牡丹芍药园的植物景观营造要点。

二、实习内容

1. 了解牡丹和芍药的分类及代表性品种

通过实习，熟悉牡丹和芍药的种质资源概况，认知不同类型常见的牡丹、芍药品种，掌握这些品种类型的花色、花期等主要观赏特征。

牡丹品种主要分为中原品种群、西北品种群、西南品种群、江南品种群、日本品种群、欧洲品种群共 6 个品种群，可以分为白、粉、红、紫、黑、蓝、黄、绿、复色、紫红色系 10 个色系。

北京地区的牡丹品种应用基本包含五大品种群，包括中原品种群、西北品种群、西南品种群、江南品种群、日本品种群和欧洲品种群，但主要以中原品种群为多；在花色上，以红色系为多；在花期上，以中花品种为多（见附表 1）。

芍药同样具有丰富的品种类型。

（1）依据花型：芍药可分为单花类和台阁花类。

①单花类   包括千层亚类（单瓣型、荷花型、菊花型、蔷薇型），楼子亚类（金蕊型、托桂型、金环型、皇冠型、绣球型）。

②台阁花类   包括千层亚类（初生台阁型）、楼子亚类（彩瓣台阁型、分层台阁型和球花台阁型）。

（2）依据花色：芍药有红、白、粉、黄、绿、蓝、紫、黑、复色九大色系，每一色系又有不同变化。

（3）依据花瓣：又可分为单瓣到半重瓣、重瓣，花型丰富多变。

2. 了解牡丹、芍药的生态习性和选址条件

了解牡丹和芍药的生态习性和选址条件，观察其栽培环境特征。

牡丹芍药专类园的设计，应以牡丹芍药的生态习性为基础。牡丹为深根性灌木，具有肉质根，忌积水，喜深厚肥沃而排水良好的砂质壤土，在酸性或黏重土壤中生长不良，同时喜凉怕热，忌烈日直射。因此，牡丹芍药园应建于地势高燥、宽敞通风处。在江南地区，由于地下水位较高，在建立牡丹芍药园时，应适当抬高基址的地势。

3. 掌握牡丹芍药园的总体布局特征

通过牡丹芍药园区平面测绘，了解其场地特征、总体布局形式与空间结构。牡丹芍药园总体布局应根据设计主题、场地规模及品种灵活安排，在充分利用原有地形地貌的基础上突出牡丹的观赏特性。

牡丹芍药园的园林布局包括自然式和规则式两种形式。自然式设计通过弯曲的园路、起伏的地形、山石、水体以及自然式的种植组群共同营造富有情趣的自然意境；规则式设计则通过几何图案将地块分为规则式的花池或种植块，将牡丹按照一定的规律整齐地栽植其中。

4. 调查牡丹、芍药的配置方式

（1）了解牡丹芍药园中牡丹、芍药的种植形式，分析群植和片植方式的种植规模、栽植密度和景观效果：由于大部分牡丹喜阳光充足，仅在花期需一定的侧方遮阴来延长观赏期，因此，大型牡丹园一般采用群植、片植的形式，将不同品种按类别分块集中种植，便于品种鉴赏、识别和管理。对于某些观赏特性突出的品种，如株型高大、花朵繁多的紫斑牡丹类品种，可采用孤植或丛植的种植方式，并与其他小型牡丹品种搭配种植，形成独特的景观效果。

（2）掌握牡丹、芍药与园林小品的搭配组合：除了与植物的种植搭配外，牡丹、芍药常搭配栽植作为景观小品与山石的点缀。牡丹和芍药在园林中多与假山石结合，形成刚与柔的对比，更加凸显其柔美的姿态；或以山石围合成花台的应用形式。

（3）掌握牡丹、芍药与其他植物的搭配组合：牡丹芍药园的植物景观设计以牡丹、芍药栽植为主，同时也需考虑与其他植物的搭配种植，形成层次丰富、自然优美的群落。

通过对牡丹、芍药典型搭配群落的测绘，了解其平面组合方式、垂直结构层次以及植物材料的种类和规格，掌握搭配植物种植的注意事项，分析其他搭配植物对于牡丹芍药专类园营造的意义。

在乔木的选择上，常绿乔木（如油松、白皮松、圆柏、侧柏等）可以作为背景更好地衬托牡丹鲜艳的色彩，也可以搭配一些秋色叶树种（如白蜡、栾树、元宝枫等）丰富季节色彩。在牡丹、芍药与大乔木之间可以选择观花或观叶的小乔木作为过渡和补充栽植，如白玉兰、山桃、碧桃等，避免与牡丹芍药的花期重叠，同时又丰富园区的景观效果。但种

植乔木时须考虑栽植密度，避免因郁闭度过高而影响牡丹、芍药的生长发育。

在灌木的搭配上，充分考虑到它们之间的体量、色彩和花期的关系，配置灌木形成良好的背景和映衬来突出牡丹主题，并延长牡丹花期。也可选择藤本植物与地被植物栽植于花架、路缘、山石附近，起点缀、衬托主景的作用。

此外，牡丹、芍药与其他植物的搭配种植可以体现丰富的文化内涵。园林中常将玉兰、海棠、牡丹、桂花配置在一起，取"玉堂富贵"之意；牡丹与月季配置在一起，因为月季又叫长春花，因此有"富贵长春"的寓意；牡丹与海棠栽植一起，有富贵吉祥的含义，寓意着"满堂富贵"；中国国画中，牡丹与水仙、荷花、菊花、梅花配置在一起，象征"四季富贵"，承载了人们的美好心愿。

三、作业要求

1.绘制牡丹芍药园测绘总平面图（比例尺 1 : 500），详细反映牡丹芍药的展示方式、典型的搭配组合方式以及与建筑、道路之间的关系。

2.绘制牡丹芍药园典型组合方式平面图（比例尺 1 : 200）、立面图，标注尺寸、植物材料及非植物材料的名称。

四、实例：国家植物园（北园）牡丹园

国家植物园（北园）牡丹园位于该园中部，中轴路西侧，南邻温室区，北接海棠园，始建于 1981 年，设计上采用自然式手法，因地制宜。该园占地面积 6.3hm^2，共收集品种逾 300 个，共栽植 5500 余株，集齐了牡丹花色中的红、白、蓝、绿、黄、粉、紫、黑、复色九大色系。展示有中原牡丹品系、江南牡丹品系、西北牡丹品系以及欧美和日本牡丹品系。园中建有油漆彩画方亭、双亭、群芳阁及大幅烧瓷壁画"葛巾紫""玉版白"的传说。每当谷雨时节，雍容华贵的牡丹竞相开放，以其花王之姿及自身历史文化，喜迎八方来客，尽显"花开时节动京城"的盛况（图 20-1）。

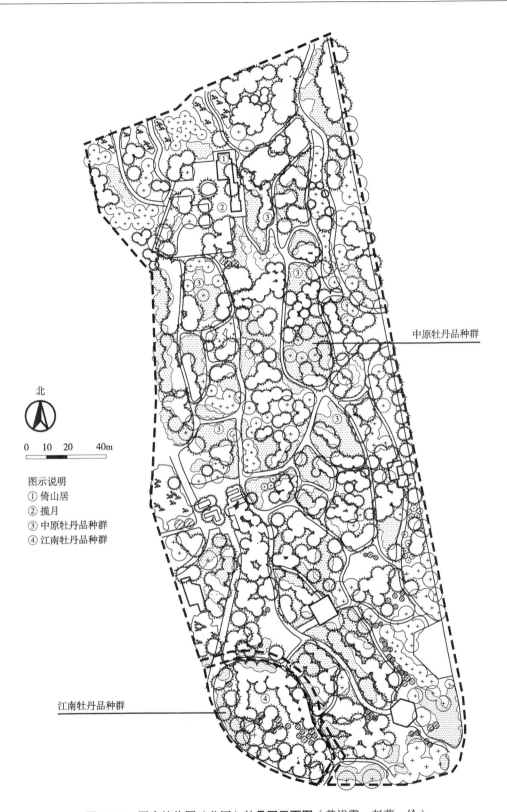

北

0 10 20   40m

图示说明
① 倚山居
② 揽月
③ 中原牡丹品种群
④ 江南牡丹品种群

中原牡丹品种群

江南牡丹品种群

图 20-1　国家植物园（北园）牡丹园平面图（黄裕霏、彭蕾　绘）

实习 21　月季园

月季又名长春花、月月红、斗雪红、瘦客，是我国十大名花之一，具有悠久的栽培历史。它具有花姿优美、花色繁多、连续开花等优良性状，有着深厚的文化底蕴，可以营造多样化的景观。

月季园被称为"植物园皇冠上的明珠"，通常指以现代月季为主，结合蔷薇科蔷薇属其他植物形成的花卉专类园。世界月季联合会（World Federation of Rose Societies）在世界范围内评选优秀的月季专类园并给予颁奖。1995—2018 年，共评选出 25 个国家或地区的 62 个世界优秀月季园，最早评选出的是法国马恩河谷月季园，我国已有 3 个月季园入选，分别为深圳人民公园月季园、常州紫荆公园月季园和国家植物园（北园）月季园。

一、实习目的

通过对月季园进行测绘，了解常见的月季种类、应用形式以及栽培技术要点，掌握月季园设计的选址、规划布局结构、基本构成要素及植物配置方式等，深入理解月季园的植物景观营造技法。

二、实习内容

1. 了解月季的分类及观赏特征

通过实习认知月季的分类，熟悉其花色、花型、花期等主要观赏特征。

按照世界园艺联合会的分类法，月季常见的类型有大花香水月季（HT 系）、丰花月季（Fl 系）、壮花月季（Gr 系）、微型月季（Min 系）、藤本月季（Cl 系）、灌木月季（Sh 系）等，包括灌木状、蔓状、攀缘或匍匐状等形态类型。此外，月季还可通过高位嫁接培育成树状月季。

大花香水月季株高 1m 左右，株型匀称，花体肥硕丰满，花色丰富艳丽；丰花月季株高一般 70cm 左右，株型泼洒、枝叶丛生、花朵密集；壮花月季株高近 2m，长势强壮、花繁叶茂；灌木月季株高约 50cm，花团锦簇、叶密枝繁；微型月季植株矮小、花朵较小，适于室内摆设供人欣赏；藤本月季枝条蔓生，可用于花架及贴墙栽培。

2. 了解月季的生态习性和栽培管理措施

（1）了解场地的环境要素，基于月季的生态习性分析场地的竖向变化对栽植的影响：月季喜侧方遮阴、耐旱、忌积水，喜温暖气候，因此，应选择光照充足、空气流通、排水良好的环境，适合富含腐殖质的微酸性土壤。若地势低，应构筑完善的排水系统，或通过地形设计来保证排水通畅，满足月季的生长需求。

（2）学习月季的栽培养护管理措施：月季的栽培养护管理措施是决定月季能否持续健

康生长的关键要素，也是影响月季园景观效果的重要方面。栽培月季可每隔2～2.5m铺设0.6～0.8m宽的工作通道以方便后期养护管理工作的进行，同时保持土壤疏松透气，为月季提供良好的生长环境。种植土底层可增设稳定的排水层，保持月季健康持续地生长。夏季炎热，常采用地面覆盖的措施进行保水保肥、降低土温，避免杂草丛生。覆盖材料可选用树皮、荞麦壳、玉米芯、花生壳、腐殖土、泥炭、木屑等。

3.掌握月季园的布局特征

通过实习，掌握月季园的布局特征。月季园的布局方式需根据月季园的设计主题、场地规模和月季品种灵活安排，常见的布局形式有规则式、自然式及混合式3种。

①规则式月季园　利用几何形的设计图案，根据月季不同的品种、花色、花期等因素，将月季栽植于规则的种植床上。花池间常设小径和踏步，方便游人的观赏体验。

②自然式月季园　通过流线形的种植、曲折的园路、高低起伏的地形来营造丰富的植物景观和恬静优美的自然意境。该方式通常以月季和蔷薇属其他植物为主体，结合其他植物材料或景观要素共同营造综合性的植物景观。

③混合式月季园　常应用于大型月季专类园中，指的是规则式和自然式相结合的布局形式，可采用中心规则式布局、周围自然式种植的形式，也可以采用整体自然式布局而主入口、广场等景观节点规则式布局的形式。

植物的展示序列同样影响着布局方式，月季园主要有3种布局方式：①按照生长类型、杂交亲本等把同一品种或相近品种安排在一起，利于学习与研究；②以月季历史发展为主线，布置月季由古代到现代的进化历程；③按照月季的色系、芳香性等特性安排布局。

4.掌握月季的应用形式

通过实习，了解月季专类园中月季的种植应用方式。月季多样的形态类型使得其具有丰富的应用形式，主要有花台、花境、花丛及棚架、地被、篱垣等景观形式。

三、作业要求

1.绘制月季园测绘总平面图（比例尺1∶500），能够详细反映月季园的分区布局、展示方式、典型的搭配组合方式以及与建筑、道路之间的关系。

2.绘制月季园典型植物群落搭配方式平面图（比例尺1∶200）、立面图，标注尺寸、植物材料及非植物材料的名称。

四、实例：国家植物园（北园）月季园

国家植物园（北园）月季园建于1993年，占地面积7.1hm²，共收集月季品种逾1000个，栽植月季5万余株，是进行月季园艺展示、科学研究以及科普教育的重要场所。

国家植物园（北园）月季园采用规则式与自然式相结合的手法，既有轴线严整的图案布局，又有自然式的组团配置。月季园北部中心为一直径 40m、面积达 6000m² 的圆形沉床，在环状台地上种植各色丰花月季，周边环绕藤本月季，其间还点缀有"花魂""绸舞"等雕塑（图 21-1）。园区东部为品种展示园，集中展示杂交茶香月季、丰花月季等优良品种；园区西部主要展示树状月季、杂交茶香月季、微型月季和灌丛月季等类型；园区南部主要展示蔷薇属野生种及古老月季。

每年的 5～10 月为月季的赏花期，届时月季园中群花怒放，花姿绰约，芳香馥郁，令人流连忘返。2015 年 6 月，该月季园被世界月季联合会评为"世界杰出月季园"。

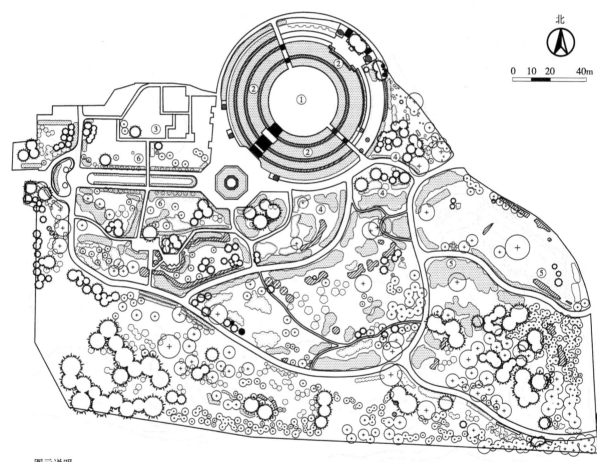

图示说明

① 音乐喷泉广场　② 丰花区　③ 藤本区　④ 现代月季区　⑤ 和平月季园　⑥ 树状月季

图 21-1　国家植物园（北园）月季园平面图（黄裕霏、彭蕾　绘）

实习 22　宿根花卉园

宿根花卉是指可以生活两年以上而没有木质茎的植物，通常有花坛、花境、林下地被、花带、专类园等应用形式。这类植物颜色丰富、生态习性各异、建植成本低、观赏效果好，是理想的园林景观营建材料。

宿根花卉园是世界知名植物园建设的主要专类园形式之一。尽管与欧美国家及日本有较大差距，我国近几年也有很多植物园建设了宿根花卉专类园，如国家植物园（北园）宿根花卉园、南京宿根花卉植物园。

宿根花卉园的建设可以按照园林艺术设计手法和美学原理，通过利用植株的外形、花期和花色的合理搭配，展示宿根花卉丰富品种与优美景观效果，获得社会、生态、经济三者的综合效益。

一、实习目的

通过对宿根花卉园实例的调研观察与测绘，了解园内宿根花卉主要观赏季的观赏特征和展示方式、整体布局特征、规划设计的基本原则等，从而深入理解宿根花卉园的植物景观营造要点。

二、实习内容

1. 观察宿根花卉主要生长季的观赏特征和展示方式

通过实习，调查宿根花卉园中宿根花卉的常用种类及其主要观赏特征，以及不同种类花卉的展示方式。

2. 掌握宿根花卉园规划设计的基本原则

从选址条件、主题规划、植物种类搭配选择等方面，掌握宿根花卉园规划设计的基本原则。

（1）生态适应性：了解宿根花卉的生态习性，要对场地的土壤条件、水文条件、小气候等环境要素进行调查，充分考虑植物原生境与种植环境的协调与适宜。尽量做到适地适花，根据不同的场地条件选择宿根花卉，如耐阴花卉、喜光花卉、耐水湿花卉、耐干旱瘠薄花卉等。在做到适地适花的同时，还要处理好宿根花卉种内和种间的关系。同种花卉种植在一起，要安排好种植方式、密度和距离，使其符合各自的生态要求。

（2）艺术观赏性：宿根花卉园的设计要符合美学原则，注重植被的季相搭配和色彩搭配。在季相的搭配上，要使宿根花卉一年四季的观赏效果保持连续性和完整性。在色彩的配合方面，要与周围的环境相协调，且要有主题、有特色、有意境、有美感，以供游人观赏游憩之用。突出主题是植物配置的纲领，大多数宿根花卉园以色彩为主题进行植物搭配。格特鲁德·杰基尔等欧美园艺设计师对不同主题色彩的常用植物搭配进行了深入的探索，总结出很多经典的搭配组合。

3. 熟悉宿根花卉园的布局特征

调查了解宿根花卉园的总体布局特征及其种植分区特点。

宿根花卉园的造景形式有规则式和自然式。规则式可按种类（品种）、花色分块种植，高低一致，花期集中，便于管理。自然式则主要配合弯曲的道路、山石、溪流、地形变化等，三五成丛，成片成群种植。

三、作业要求

1. 绘制宿根花卉园测绘总平面图（比例尺 1：500），详细反映宿根花卉园选用的主要植物材料、布局和分区特点，分析其展示方式以及空间游览路径的引导等。

2. 绘制宿根花卉园典型的植物群落搭配方式平面图（比例尺 1：200）、立面图，标注尺寸、植物材料及非植物材料的名称。

四、实例：国家植物园（北园）宿根花卉园

国家植物园（北园）宿根花卉园建于 1980 年，面积 1.5hm^2，是收集和展示宿根花卉的专类园，收集种植宿根花卉百余种（见附表 2）。该园由中国工程院院士孟兆祯于 19 世纪 70 年代设计，后经多次改造升级。园区整体采取对称的规则式设计，形成十字对称的园路，花园中心为一处硅化木，纹理清晰，沧桑古朴，在青松掩映之下，形成了一座大型盆景景观，别具特色。宿根花卉园的设计有以下主要特点：

（1）"十"字形规则式路网结构：国家植物园（北园）宿根花卉园采用严整有序的规则式布局形式，如图 22-1 所示，通过路网分割成大小不一的方形地块，结合乔木的点植营造不同的小空间。十字对称的园路东西向为带状花坛，植物种类以多品种鸢尾、东方罂粟等为主；南北轴线为花坛和花台，分别种植荷包牡丹、玉簪、丰花月季、匍匐枸子等；十字轴线四角布置了花境，主要选用百合科、景天科、石蒜科、菊科、鸢尾科等 60 余种宿根花卉。"十"字形的结构强化了南北、东西的轴线透视感，突出了轴线交叉点上的硅化木盆景，增强了视线延伸感。

（2）不同主题的花卉展示：国家植物园（北园）宿根花卉园利用高篱分隔空间，为花卉提供了匀质化的背景来进行不同主题的花卉展示。依颜色分类为白色园、蓝色园、橙色园；依花境不同种类规划了单边式花境、主花境、环形花境和对应式花境；各种植区之间不产生视觉上的冲突。

（3）高大乔木引导空间游览路径：国家植物园（北园）宿根花卉园利用高大乔木组成园区骨架，丰富竖向种植层次，同时利用其来引导空间游览路径。园内广场和休憩空间紧密结合现有乔木，形成了别具特色的玉兰小径、悬铃木—雪松小径及银杏广场游赏空间。

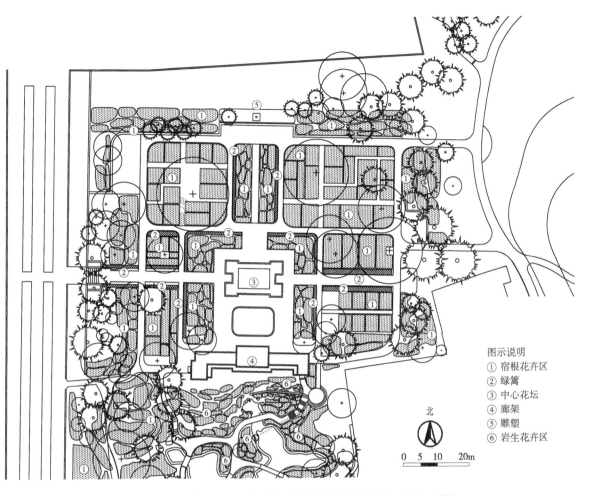

图示说明
① 宿根花卉区
② 绿篱
③ 中心花坛
④ 廊架
⑤ 雕塑
⑥ 岩生花卉区

北

0　5　10　　20m

图 22-1　国家植物园（北园）宿根花卉园平面图（王颂松　绘）

实习23　木兰山茶园

木兰山茶园是以收集和展示木兰科、山茶科植物资源为主题的专类园。每年春季木兰、山茶盛开时，上有洁白如玉、婷婷立于枝头的白玉兰，下有胭红欲滴的山茶花，上下呼应，景色迷人，构成一幅幅色彩斑斓、美妙生动的画卷。木兰山茶园不仅是木兰科、山茶科植物种质资源收集的基因库，也是人们理解木兰、山茶科普和文化内涵的科普教育基地，对于丰富园林树种、展示园林植物应用具有重要意义和价值。

一、实习目的

通过对木兰山茶园实例的调查测绘，了解木兰科、山茶科植物的生态习性和观赏特征，掌握木兰山茶园的观赏特征、基本组成要素、空间布局特征、配置方式等，从而深入理解木兰山茶园的植物景观营造要点。

二、实习内容

1. 了解木兰科和山茶科植物的生态习性和主要观赏特征

了解木兰科和山茶科植物的常见种类、生态习性及其主要景观特征。

木兰科大多为落叶乔木，且树形高大，是非常理想的上层乔木；木兰科植物大多喜全光照，遮阴太多易导致长势瘦弱、树冠稀疏。部分木兰科植物具有先花后叶的特征，花色主要有白色、黄绿色、紫红色，且多具芳香。开花时间从秋季的10月开始一直到翌年6月，大多集中于3~5月，是难得的可观花的芳香树种。

山茶科植物大多株型较为低矮，喜温湿气候，属于半阴植物，宜配置于林下，夏季强日照对茶花生长不利，易发生日灼现象，因而需要疏植一些大乔木以提供遮阴。山茶科植物的花色丰富，有白色、红色、粉色、黄色、橙色、紫色、绿色或蓝色以及复色，且花期从10月持续到翌年4月。

2. 测绘木兰山茶园的布局特征

通过实地调研测绘木兰山茶园，分析其空间布局特征——植物的种植位置以及与地形、水体、建筑、草坪的搭配。

木兰科植物较不耐涝，地形上要有一定的起伏变化。木兰科植物和山茶科植物可搭配种植于水边，形成丰富的植物景观层次效果。专类园中的建筑包括茶室、亭廊、厕所、展览馆等，不同建筑要求植物景观的观赏性和私密性不一，因此，要在充分结合建筑需求的基础上进行合理的配置。根据造景的需要，木兰山茶园可结合不同的配置方式，相互穿插，营造富有特色的草坪空间。

3. 掌握木兰和山茶的配置方式

通过实习，了解木兰山茶园内木兰科和山茶科植物的配置方式及营造的景观效果。

木兰山茶园一般有两种配置方式：一种是木兰科植物为主景，可采用孤植、丛植、列植或群植的种植方式。群植时多选用开花落叶树种，突出其春季的花色，搭配广玉兰等常绿树种，或将鹅掌楸等作为秋色叶树种点缀其间，兼顾四季的景观效果；另一种是以山茶科植物作主景，选择冠大枝密、花繁叶茂、花期长的品种种植于开阔处，以孤植或者三五成群的群植方式进行配置，营造山花烂漫的景观效果。

三、作业要求

1. 绘制木兰山茶园测绘总平面图（比例尺 1∶500），详细反映木兰山茶园选用的主要植物材料、布局和分区特点，分析其展示方式以及空间游览路径的引导等。

2. 绘制木兰山茶园典型的植物群落搭配方式平面图（比例尺 1∶200）、立面图，标注尺寸、植物材料及非植物材料的名称。

四、实例：杭州植物园木兰山茶园

木兰山茶园位于杭州植物园东南侧凤凰山的小山丘上，占地面积 7.68hm²。园内以收集展示木兰科、山茶科植物为主，露地种植 14 种木兰科植物和逾 50 个山茶花品种，收集盆栽山茶花品种逾 100 个，是华东地区收集山茶花品种较为齐全的专类园。

实习 24　槭树杜鹃园

槭树科和杜鹃花科植物都具有很高的观赏价值。杜鹃花科的杜鹃花属植物种类尤其多、观赏价值高，是著名的观赏花卉，全世界有近 900 种。杜鹃花非常适用于营建专类园，国内目前有十多个杜鹃专类园。国内以槭树建设的专类园并不多，主要有上海植物园槭树园和杭州植物园槭树杜鹃园。

一、实习目的

通过对槭树杜鹃园实例的调查测绘，熟悉常见的槭树科和杜鹃花属植物种类及其观赏特征，了解槭树、杜鹃花的主要应用形式、基本组成要素、空间布局特征、搭配植物种类以及典型植物群落等，从而深入理解槭树杜鹃园的植物景观营造要点。

二、实习内容

1. 了解槭树科和杜鹃花科的生态习性和主要观赏特征。
2. 调查分析槭树杜鹃园的布局结构。

通过实习，了解槭树杜鹃园的空间布局方式，调查分析槭树、杜鹃花与地形、水体、建筑以及草坪的搭配。

3. 了解槭树、杜鹃花的应用形式。

通过调研，了解槭树、杜鹃花采用何种应用形式与周围环境特点相契合。

例如，杭州植物园杜鹃园玉泉景点主要以地栽和盆景形式展示珍稀和精品杜鹃，注重杜鹃花与建筑、水体、景石的搭配；沿登山道主要以地被种植的形式，营造漫山遍野和花谷的效果。

4. 调查槭树和杜鹃花的配置方式。

槭树杜鹃园的植物景观设计以槭树和杜鹃花的栽植为主，同时也需考虑与其他植物的搭配种植，形成层次丰富、自然优美的群落。

通过对槭树杜鹃典型搭配群落的测绘，了解其平面组合方式、垂直结构层次以及植物材料的种类和规格，掌握搭配植物种植的注意事项，分析其他搭配植物对于槭树杜鹃园景观营造的意义。

三、作业要求

1. 绘制槭树杜鹃园测绘总平面图（比例尺 1∶500），详细反映槭树杜鹃园选用的主要植物材料、布局和分区特点，分析其展示方式以及空间游览路径的引导等。
2. 绘制槭树杜鹃园典型的植物群落搭配方式平面图（比例尺 1∶200）、立面图，标注尺寸、植物材料及非植物材料的名称。

四、实例：杭州植物园槭树杜鹃园

杭州植物园槭树杜鹃园建成开放于 1958 年，占地 2.0hm²，是杭州植物园首批建设的植物专类园。园内利用原有的大乔木，以"春观杜鹃花、秋赏槭红叶"为景题，配置槭树和杜鹃花为中下层植被，衬以叠石，并开辟设置草地和休息亭。1990—1992 年扩建杜鹃园，对药草园西北的药用资源圃地进行改建，占地 3.0hm²。2008 年开始陆续对部分园区进行改造提升（图 24-1）。园内槭树科植物逾 30 种（含品种）；收集杜鹃花 24 种，包含灌木状和少量乔木状，花色有白、紫、红、粉、黄等色系（见附表 3）。

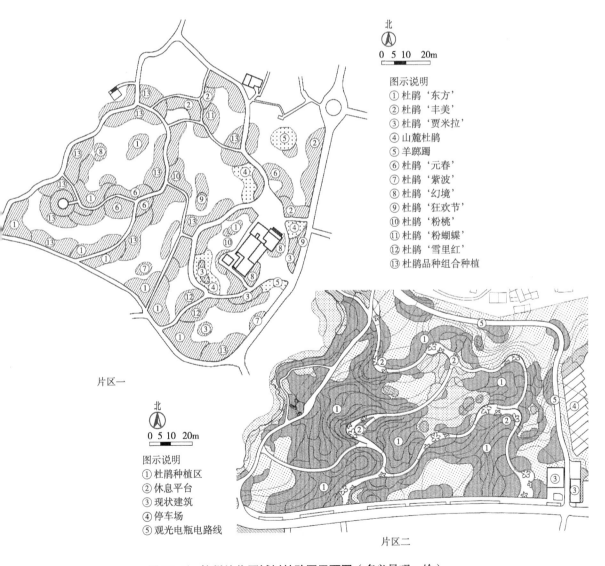

图 24-1　杭州植物园槭树杜鹃园平面图（多义景观　绘）

实习 25　竹园

　　竹类植物四季常青，植物景观独具特色，可以集中展示各种竹类植物的姿态美、色彩美、生命美及意境美。竹园是以竹类植物为主要造景材料而建设的专类园。

　　由于我国幅员辽阔，各地气候、土壤、地形不尽相同，导致竹种生物学特性也存在着较大差异。我国的竹区大致分为北方散生竹区、江南混合竹区、西南高山竹区、南方丛生竹区、滇琼攀缘竹区。竹林资源主要集中分布在我国浙江、江西、湖南、安徽、福建、湖北、广东、广西，以及西南地区的贵州、重庆、四川、云南等省（自治区、直辖市）。这些地区有着众多的竹专类园，如江苏扬州的个园、浙江的安吉竹博园、成都的望江楼公园、广州的晓港公园、福建的福安富春公园、福建的华安竹类植物园、安徽的马鞍山采石公园、浙江的温州景山公园等都是国内著名的竹专类园；北方地区竹种质资源相对较少，竹专类园更是缺乏，北京紫竹院公园是我国北方地区竹专类园的典型代表。

一、实习目的

　　通过对竹园实例的调研测绘，了解竹类的形态及观赏特征和生态习性，掌握竹园景观规划设计的基本原则、空间布局方式和分区规划、组成要素、展示方式、典型植物群落配置模式等，从而深入理解竹园的植物景观营造要点。

二、实习内容

1. 了解常见竹类的形态及观赏特征

　　根据观赏特征的不同，可将竹类植物分为以下几类：

　　（1）观姿类：适用于成群种植在宽阔的草坪中，或孤植于重要景观节点处，如粉单竹、慈竹、孝顺竹、麻竹；高大的散生竹适合成片栽植形成竹林，如毛竹；或成行列植作绿墙，如青皮竹、乌哺鸡竹，易形成声影效果；还有秆尖部弯曲下垂的吊丝竹，竹秆细长的茶秆竹、矢竹和'花叶'矢竹，身形低矮的翠竹、菲黄竹、铺地竹等。

　　（2）观秆色类：黄秆乌哺鸡竹、'花叶青丝'黄竹、花秆早竹、金镶玉竹、小琴丝竹、紫竹、斑竹、粉单竹等。

　　（3）观秆形类：圣音毛竹、'龟甲'竹、鼓节竹、罗汉竹、辣韭矢竹、强竹、方竹、刺黑竹、佛肚竹及'黄金间碧'竹等。

　　（4）观叶色类：'花叶'矢竹、菲白竹、菲黄竹、黄条金刚竹、白纹阴阳竹、鹅毛竹、白纹椎谷笹等。

　　（5）观笋类：黑竹、红壳雷竹、糙花少穗竹、摆竹、白哺鸡竹、桂竹、麻竹、粉单竹等。

2. 了解竹类的生态习性

竹类大多喜温暖湿润且阳光充足的气候条件，以深厚肥沃、排水良好的微酸性或酸性土为宜。部分种类有特殊的生态习性，如菲白竹、鹅毛竹、铺地竹等较耐阴；'金镶玉'竹、黄槽竹、早园竹等可忍受寒冷干燥气候；刚竹、淡竹等在瘠薄的微碱性土壤中也能生长。

3. 了解竹园的布局特征和规划分区

通过实习，了解竹园的整体空间布局结构以及分区规划。竹园常见的分区方式主要有以下两类。

（1）根据竹种的特征分类：根据竹种生长类型的不同，可分为散生竹区、丛生竹区和混生竹区；也可根据竹种观赏特征的不同，分为观秆色竹区、观秆形竹区、观叶色竹区、观笋竹区和观姿态竹区；还可以根据竹种科属类别的不同，分为刚竹属区、牡竹属区、茶秆竹属区、苦竹属区、箬竹属区、赤竹属区和其他竹属区等。

（2）根据人们对竹园的使用需求分类：入口活动区、竹种展示区（包括珍稀竹种展示区、盆栽竹展示区、科研区等）、娱乐休闲区等。

4. 掌握竹园内竹类植物的应用方式

通过调研，分析园内竹种的主要应用方式。常见的应用方式主要有竹林、竹径、竹篱、竹花架、竹盆景、竹花境、竹地被以及竹组合景观等。

5. 掌握竹园内典型植物群落配置模式

通过实习调查，了解竹园内植物景观配置模式，主要包括竹与竹的配置以及竹与其他植物的配置。

（1）竹与竹的配置：

①大中型竹＋低矮竹＋地被竹　完全以竹类植物代替传统的"乔、灌、草"结构进行造景。

②大中型竹＋低矮竹　用于道路边或道路转角。

③大中型竹＋地被竹　以竹类植物创造有层次的植物景观。

④低矮竹＋地被竹　常用修剪整齐的竹类植物搭配翠竹、铺地竹、菲白竹、菲黄竹等。

（2）竹与其他植物的配置：

①观赏竹＋地被　大型丛生、混生竹替代乔木作上层植被。

②观赏竹＋小乔木/灌木　林地两侧片植散生竹。

③观赏竹＋地被　多用于园中小径绿化。

④乔木＋观赏竹＋地被　高大乔木与丛生竹在形态上形成对比，下层种植耐阴地被或以草地为基底，形成完整的群落景观。

⑤大乔木/小乔木/灌木＋地被竹　以地被竹代替传统地被植物进行造景。

三、作业要求

1. 绘制竹园测绘总平面图（比例尺 1 : 500），详细反映竹园选用的主要植物材料、布局和分区特点，分析其展示方式以及空间游览路径的引导等。

2. 绘制竹园典型的植物群落搭配方式平面图（比例尺 1 : 200）、立面图，标注尺寸、植物材料及非植物材料的名称。

四、实例：北京紫竹院公园

北京紫竹院公园虽地处温带，但经多年引种驯化，现有竹类植物 12 属 46 种及种以下单位（见附表 4），栽植面积达 6hm², 有筠石苑、江南竹韵、八宜轩、箫声醉月等竹景点，是一处以竹为主、以竹取胜的综合性公园。

筠石苑占地面积 7.1hm²，是一座以竹、石取胜，具有江南园林风格的自然山水园。全苑建有园林景点 10 处，包括清凉罨秀、筠峡、斑竹麓、翠池、松筠涧、竹深荷静、友贤山馆、江南竹韵、绿云轩和梦溪。筠石苑内铺种草坪、宿根花卉 12 000m²，种植竹类植物 14 个品种，逾 15 万株，同时种植有油松、白皮松、杜仲、槐、栾树等逾 500 株。

实习 26　禾草园

禾草园是指将多种形态、质地、色彩及高矮的草类植物组合，以禾草造景为特色的专类园。从景观角度来讲，禾草园是将不同类型、不同质感的观赏草种类（品种）通过景观配置手法集中种植在一起，形成的一个集春夏赏叶、秋季观色、冬季悦絮的观赏草花园。这种专类园主要以禾本科植物为素材，景观变化由该类植物的不同品种或者相似类别的植物种类通过形态、色彩的变化来表现，具有主题植物明确、季相变化丰富、景观表达自然的特点。

一、实习目的

通过对禾草园实例的调研，了解观赏草的主要类型及其代表种类、禾草园的选址条件、设计原则、基本组成要素等，从而深入理解禾草园的植物景观营造要点。

二、实习内容

1. 了解观赏草的主要类型及其代表种类

（1）芒属植物：常见应用种和品种有'细叶'芒、'花叶'芒、'斑叶'芒、'悍'芒、'玲珑'芒、'晨光'芒和'金酒吧'芒等。

（2）狼尾草属植物：常见应用种和品种有'阔叶'狼尾草、'小兔子'狼尾草、'紫光'狼尾草、东方狼尾草、羽绒狼尾草、'紫叶'狼尾草、绒毛狼尾草、紫御谷、象草等。

（3）薹草属植物：常见应用种和品种有涝峪薹草、青绿薹草、披针叶薹草、细叶薹草、蓝薹草以及'金叶'薹草、棕叶薹草等。

（4）蒲苇属植物：常见应用种和品种有蒲苇、'矮小'蒲苇和'花叶'蒲苇等。

（5）柳枝稷属植物：常见应用品种有'重金属'柳枝稷、'瑞布伦'柳枝稷等。

（6）羊茅属植物：常见应用种类有蓝羊茅和紫羊茅等。

（7）画眉草属植物：常见应用种类有画眉草、美丽画眉草、弯叶画眉草、知风草等。

（8）其他属观赏草：观赏草的种类丰富多样，除了上述应用较多的植物种类，其他如须芒草属、拂子茅属、针茅属、芦苇属、芦竹属以及小盼草属等多种观赏草在园林中也有广泛的应用，并且随着观赏草的兴起还会不断有新的品种和资源得以推广和应用。

2. 了解禾草园的生态习性和选址条件

了解观赏草的生态习性，针对特定的立地条件，选择适宜生长的观赏草。

观赏草按生长习性的不同，可分为喜阳、耐阴、喜湿、耐干旱、耐贫瘠、耐盐碱等类型，能够适生多种生境条件。禾草园常模拟自然地形，设计干旱地、庇阴地、阳坡地、溪流、池塘和湿地等，为植物生长提供多种生态环境，满足不同植物的生长需求，最大限度地丰富植物种类，营造和展示丰富多彩的观赏草景观。

3. 了解禾草园规划设计的基本原则

（1）充分了解不同植物种类的生长习性：在禾草园设计时需要充分了解植物的生长特性。观赏草有很多种类生长迅速，植株可以在很短时间内达到很高的高度，设计时应给其留下足够的生长空间。蔓生性的观赏草应避免其地下根茎迅速扩展，在种植初期须埋设隔离板，防止其改变或影响整个植物群落的形态。

（2）注重色彩、形态、质感的搭配：由于观赏草体型差异较大，组景时应将体型较小、质感细致的种类布置在前景位置，将较大植株作为背景层次。应清晰了解不同种类观赏草的真实高度和株型，初期种植的植株高度与后期成型的植株高度存在差异，不同的植株形态在群落中的视觉吸引力也有所不同，需要全面掌握观赏草的观赏特征，才能设计出层次丰富而又清晰的景观组合。

（3）注重季相的变化：大部分观赏草的外观会随季节更替而发生较大的变化，在禾草园设计时要综合考虑环境、植物种类及生态条件的不同，使丰富的植物色彩随着季节变化交替出现，以保证各季的观赏效果。

4. 了解观赏草的应用形式

目前园林绿化中常用的应用形式主要有盆栽、花坛、花境、草甸、道路绿化、滨水景观、山石和置石间的搭配、地被、插花以及屋顶绿化等。

5. 掌握观赏草植物的配置方式

禾草园中设置建筑、道路、雕塑、水体等其他景观元素，可全面提升景观效果，增强禾草园的趣味性。通过实习，观察观赏草与其他景观要素间的搭配组合关系，并用图示语言加以分析和说明。

三、作业要求

1. 绘制禾草园测绘总平面图（比例尺 1∶200），准确反映禾草园选用的主要植物材料、布局和分区特点，分析其展示方式以及空间游览路径的引导等。

2. 绘制禾草园典型植物群落组合平面图（比例尺 1∶100）、立面图，标注尺寸、植物材料的名称。

附 表

附表 1　国家植物园（北园）牡丹园主要牡丹品种名录

品种群	品种名	花 色	花 期	株 型
中原品种群	'青山贯雪'	白	早花品种	矮，开展型
	'赛雪塔'	白	早花品种	高，直立型
	'白雪塔'	白	中花品种	中高，半开展型
	'姚黄'	黄	中花品种	高，直立型
	'豆绿'	绿	晚花品种	矮，开展型
	'绿香球'	绿	晚花品种	中高，半开展型
	'赵粉'	粉红	早花品种	中高，半开展型
	'淑女装'	粉红	中花品种	高，开展型
	'银红巧对'	粉红	中花品种	中高，半开展型
	'迎日红'	红	早花品种	中高，半开展型
	'朱砂垒'	红	早花品种	高，开展型
	'丹炉焰'	红	中花品种	矮，半开展型
	'卷叶红'	红	中花品种	中高，半开展型
	'珊瑚台'	红	中花品种	中高，半开展型
	'海棠争润'	粉紫	晚花品种	中高，半开展型
	'假葛巾紫'	粉紫	晚花品种	高，开展型
	'红霞争辉'	紫红	中花品种	高，半开展型
西北品种群	'书生捧墨'	白	早花品种	高，开展型
	'青心白'	白	晚花品种	高，开展型
	'桃花春'	粉红	晚花品种	高，开展型
	'醉杨妃'	粉红	晚花品种	高，开展型
	'紫楼镶翠'	紫红	中花品种	中高，半开展型
江南品种群	'凤丹白'	白	早花品种	高，开展型
	'凤丹荷'	白	中花品种	中高，开展型
	'凤丹绫'	白	中花品种	中高，开展型
	'凤丹星'	白	中花品种	中高，开展型
	'凤丹玉'	白	中花品种	中高，开展型
日本品种群	'白妙'	白	早花品种	较矮，半开展型
	'白王狮子'	白	中花品种	中高，半开展型
	'阿房宫'	粉红	早花品种	中高，半开展型
	'八重楼'	粉红	早花品种	中高，半开展型
	'新桃园'	粉红	中花品种	中高，半开展型

（续）

品种群	品种名	花 色	花 期	株 型
日本品种群	'圣代'	粉红	中花品种	中高，半开展型
	'花王'	红	中花品种	中高，半开展型
	'花邀'	红	中花品种	中高，半开展型
	'新日月锦'	红	中花品种	中高，半开展型
欧洲品种群	'海黄'	黄	中花品种	中高，半开展型
	'金帝'	黄	晚花品种	中高，开展型
	'金阁'	黄	晚花品种	中高，开展型
	'金晃'	黄	晚花品种	矮，半开展型
	'金阳'	黄	晚花品种	中高，开展型

资料来源：王美仙等《北京地区牡丹专类园的植物景观研究》。

附表2　国家植物园（北园）宿根花卉园主要花卉名录

序 号	中文名	学 名	花 色	花 期
1	铁线莲	*Clematis florida*	淡黄	5～6月
2	刺苞菜蓟	*Cynara cardunculus*	白	6～8月
3	荷兰菊	*Aster novi-belgii*	紫	9～10月
4	如意草	*Viola arcuata*	淡紫	5～9月
5	芍 药	*Paeonia lactiflora*	淡紫红	5～6月
6	宿根亚麻	*Linum perenne*	蓝	5～6月
7	鸢 尾	*Iris tectorum*	蓝紫	5～6月
8	宿根福禄考	*Phlox paniculata*	白	4～5月
9	花菖蒲	*Iris ensata*	白	6～7月
10	紫 菀	*Aster tataricus*	蓝紫	7～9月
11	六倍利	*Lobelia erinus*	蓝紫	6～8月
12	乌头属	*Aconitum*	紫	6～7月
13	天蓝鼠尾草	*Salvia uliginosa*	深蓝	6～7月
14	花 荵	*Polemonium caeruleum*	深蓝	6～7月
15	大花飞燕草	*Delphinium × cultorum*	蓝	6～8月
16	火炬花属	*Kniphofia*	黄	6～7月
17	风铃草属	*Campanula*	紫	7～8月
18	野鸢尾	*Iris dichotoma*	蓝	7～8月
19	美女樱	*Glandularia × hybrida*	蓝紫	6～7月
20	须苞石竹	*Dianthus barbatus*	红、淡粉	5～6月
21	拟美国薄荷	*Monarda fistulosa*	淡紫红	7～9月

（续）

序　号	中文名	学　名	花　色	花　期
22	石　竹	*Dianthus chinensis*	红紫	7～8月
23	蓝灰石竹	*Dianthus gratianpolitanus*	粉	6～7月
24	落新妇	*Astilbe chinensis*	紫	7～8月
25	柳　兰	*Chamerion angustifolium*	粉红	6～9月
26	老鹳草	*Geranium wilfordii*	淡红	7～8月
27	红车轴草	*Trifolium pratense*	暗红	5～7月
28	百　合	*Lilium brownii* var. *viridulum*	深粉	4～9月
29	聚花风铃草	*Campanula glomerata* subsp.	蓝紫	7～9月
30	草芍药	*Paeonia obovata*	淡红	5～6月
31	松果菊	*Echinacea purpurea*	白	6～8月
32	雏　菊	*Bellis perennis*	红	6～7月
33	红花钓钟柳	*Penstemon barbatus*	深粉	7～9月
34	天竺葵属	*Pelargonium*	粉	4～5月
35	八　宝	*Hylotelephium erythrostictum*	粉	8～9月
36	荷包牡丹	*Lamprocapnos spectabilis*	粉	4～5月
37	剑叶金鸡菊	*Coreopsis lanceolata*	黄	5～10月
38	白晶菊	*Mauranthemum paludosum*	白	3～5月
39	勋章菊	*Gazania rigens*	黄	4～5月
40	紫罗兰	*Matthiola incana*	紫	3～5月
41	萱　草	*Hemerocallis fulva*	黄	6～7月

资料来源：郭星《宿根花卉园应用设计研究》。

附表3　杭州植物园槭树杜鹃园植物名录

	槭树科主要植物			杜鹃花科主要植物	
1	三角枫	*Acer buergerianum*	1	羊踯躅	*Rhododendron molle*
2	樟叶槭	*Acer coriaceifolium*	2	云锦杜鹃	*Rhododendron fortunei*
3	青榨槭	*Acer davidii*	3	刺毛杜鹃	*Rhododendron championae*
4	秀丽槭	*Acer elegantulum*	4	马缨花	*Rhododendron delavayi*
5	建始槭	*Acer henryi*	5	迷人杜鹃	*Rhododendron agastum*
6	小鸡爪槭	*Acer palmatum* var. *thunbergii*	6	露珠杜鹃	*Rhododendron irroratum*
7	苦茶槭	*Acer tataricum* subsp. *theiferum*	7	岭南杜鹃	*Rhododendron mariae*
8	锐角槭	*Acer acutum*	8	西施花	*Rhododendron ellipticum*
9	毛果槭	*Acer nikoense*	9	马银花	*Rhododendron ovatum*
10	天目槭	*Acer sinopurpurascens*	10	大白花杜鹃	*Rhododendron decorum*

（续）

	槭树科主要植物			杜鹃花科主要植物	
11	元宝枫	*Acer truncatum*	11	猴头杜鹃	*Rhododendron simiarum*
12	羊角槭	*Acer yanjuechi*	12	毛棉杜鹃	*Rhododendron moulmainense*
13	毛鸡爪槭	*Acer pubipalmatum*	13	映山红	*Rhododendron simsii*
14	五角枫	*Acer pictum* subsp. *mono*	14	满山红	*Rhododendron mariesii*
15	紫果槭	*Acer cordatum*	15	毛白杜鹃	*Rhododendron mucronatum*
16	橄榄槭	*Acer olivaceum*	16	溪畔杜鹃	*Rhododendron rivulare*
17	鸡爪槭	*Acer palmatum*	17	石岩杜鹃	*Rhododendron obtusum*
18	红 枫	*Acer palmatum* 'Atropurpureum'	18	锦绣杜鹃	*Rhododendron pulchrum*
19	羽毛枫	*Acer palmatum* var. *dissectum*	19	山麓杜鹃	*Rhododendron canescens*
20	茶条槭	*Acer ginnala*	20	迎红杜鹃	*Rhododendron mucronulatum*
21	梣叶槭	*Acer negundo*	21	桃叶杜鹃	*Rhododendron annae*
22	长尾秀丽槭	*Acer elegantulum* var. *macrurum*	22	光柱杜鹃	*Rhododendron tanastylum*
23	羽扇槭	*Acer japonicum*	23	狭叶马缨花	*Rhododendron delavayi*
24	缙云槭	*Acer wangchii* subsp. *tsinyunense*	24	皋月杜鹃	*Rhododendron indicum*
25	栓皮槭	*Acer campestre*			
26	罗浮槭	*Acer fabri*			
27	毛脉槭	*Acer pubinerve*			
28	阔叶槭	*Acer amplum*			

资料来源：余金良《植物专类园的改造——杭州植物园槭树杜鹃园的提升建设》。

附表 4 北京紫竹院公园主要竹种名录

中文名	学 名	中文名	学 名
刚竹属		箬竹属	
早园竹	*Phyllostachys propinqua*	箬竹	*Indocalamus tesssllatus*
桂 竹	*Phyllostachys bambusoides*	美丽箬竹	*Indocalamus decorus*
斑 竹	*Phyllostachys bambusoides* f. *lacrimadeae*	善变箬竹	*Indocalamus varius*
金明竹	*Phyllostachys bambusoides* f. *castillonis*	倭竹属	
对花竹	*Phyllostachys bambusoides* f. *duihuazhu*	鹅毛竹	*Shibataea chinensis*
黄槽斑竹	*Phyllostachys bambusoides* f. *mixta*	矢竹属	
黄槽竹	*Phyllostachys aureosulcata*	矢 竹	*Pseudosasa japonica*
金镶玉竹	*Phyllostachys aureosulcata* f. *spectabilis*	赤竹属	
黄秆京竹	*Phyllostachys aureosulcata* f. *aureocaulis*	铺地竹	*Sasa argenteastriatus*
金条竹	*Phyllostachys aureosulcata* f. *flavostriata*	翠 竹	*Sasa pygmaea*
罗汉竹	*Phyllostachys aurea*	菲白竹	*Sasa fortunei*
筠 竹	*Phyllostachys glauca* f. *yunzhu*	菲黄竹	*Sasa auricoma*

（续）

中文名	学　名	中文名	学　名
刚竹属		巴山木竹属	
白夹竹	*Phyllostachys bissetii*	巴山木竹	*Bashania fargesii*
灰　竹	*Phyllostachys nuda*	苦竹属	
白哺鸡竹	*Phyllostachys dulcis*	黄条金刚竹	*Pleioblastus kongosanensis f. aureostrlatus*
乌哺鸡竹	*Phyllostachys vivax*	狭叶青苦竹	*Pleioblastus chino* var. *hisauchii*
黄纹竹	*Phyllostachys vivax f. huanvenzhu*	阴阳竹属	
黄秆乌哺鸡竹	*Phyllostachys vivax f. aureocaulis*	白纹阴阳竹	*Hibanobambusa tranpuillans f. shiroshima*
绿纹竹	*Phyllostachys vivax f. viridivittata*	东笆竹属	
花杆早竹	*Phyllostachys peaecox f. viridisulcata*	白纹椎谷笹	*Sasaella glabra f. albostriata*
紫　竹	*Phyllostachys nigra*	少穗竹属	
毛金竹	*Phyllostachys nigra* var. *henonis*	四季竹	*Oligostachyum lubricum*
花哺鸡竹	*Phyllostachys glabrata*	箭竹属	
曲秆竹	*Phyllostachys flexuosa*	箭　竹	*Fargesia spathacea*

资料来源：北京紫竹院公园。

参考文献

北京市质量技术监督局，DB11/T 281—2005 屋顶绿化规范 [S].

陈超，袁小环，杨学军，等，2015. 观赏草的研究概况和园林应用 [J]. 中国农学通报，31（19）：135-143.

陈华奇，2015. 花境的施工与养护 [A]. //《建筑科技与管理》组委会 . 2015 年 3 月建筑科技与管理学术
  交流会论文集 [C].《建筑科技与管理》组委会：北京恒盛博雅国际文化交流中心 .

陈燕，2008. 北京市湿地水生植物多样性研究 [D]. 北京：北京林业大学 .

陈有民，2011. 园林树木学 [M]. 北京：中国林业出版社 .

刁正俗，1990. 中国水生杂草 [M]. 重庆：重庆出版社 .

董丽，2020. 园林花卉应用设计 [M]. 4 版 . 北京：中国林业出版社 .

范世方，2012. 展览温室景观设计研究——以上海辰山植物园展览温室为例 [D]. 上海：上海交通大学 .

郭星，2017. 宿根花卉园应用设计研究 [J]. 青海科技，24（1）：87-93.

郝培尧，李冠衡，戈晓宇，2013. 屋顶绿化施工设计与实例解析 [M]. 武汉：华中科技大学出版社 .

何思思，2013. 观赏竹专类园景观设计研究——以湖南省森林植物园竹园为例 [D]. 长沙：湖南农业大学 .

黄东光，刘春常，魏国锋，等，2011. 墙面绿化技术及其发展趋势——上海世博会的启发 [J]. 中国园林
  （2）：63-67.

黄珂，2015. 巴黎公共屋顶花园系统的整体性运营策略——以树篱街屋顶花园为例 [J]. 中国园林，31（8）：
  82-85.

兰茜·J·奥德诺，2014. 观赏草及其景观配置 [M]. 刘建秀，译 . 北京：中国林业出版社 .

李胜忠，郑红梅，李熙莉，2007. 观赏芍药在园林中的应用 [J]. 黑龙江科技信息（16）：149.

刘燕，2020. 园林花卉学 [M]. 4 版 . 北京：中国林业出版社 .

刘颖，2014. 浅谈月季专类园的发展及种植设计 [J]. 山西林业科技，43（4）：56-57.

刘悦明，2014. 立体花坛布置技术要点——以"岭南毓秀"立体花坛为例 [J]. 广东园林，36（6）：72-75.

柳骅，夏宜平，2003. 水生植物造景 [J]. 中国园林（3）：59-62.

马燕，刘龙昌，臧德奎，2011. 牡丹的种质资源与牡丹专类园建设 [J]. 中国园林，27（1）：54-57.

潘雯，2014. 论绿化在室内环境中的应用 [D]. 长春：东北师范大学 .

苏雪痕，2012. 植物景观规划设计 [M]. 北京：中国林业出版社 .

汤珏，包志毅，2005. 植物专类园的类别和应用 [J]. 风景园林（1）：61-64.

汤琳玲，邱希阳，柴志飞，2010. 竹子专类园浅议 [J]. 竹子研究汇刊，29（1）：58-62.

汪庆萱，1992. 室内绿化在国外的发展 [J]. 世界建筑（6）：24-27.

王美仙，2009. 花境起源及应用设计研究与实践 [D]. 北京：北京林业大学 .

王美仙，刘燕，2013. 花境设计 [M]. 北京：中国林业出版社 .

王美仙，唐千淳，焦鹏，等，2016. 北京地区牡丹专类园的植物景观研究 [J]. 建筑与文化（6）：72-74.

王彦卓，姜卫兵，魏家星，等，2013. 芍药的文化意蕴及其园林应用 [J]. 广东农业科学，40（20）：58-61.

文思思，2012. 高层办公建筑内庭空间的景观设计与研究 [D]. 武汉：华中科技大学 .

徐冬梅，2004. 哈尔滨地区花境专家系统的研究 [D]. 哈尔滨：东北林业大学 .

徐峰，牛泽慧，曹华芳，2006.水景园设计与施工 [M].北京：化学工业出版社 .

徐家兴，2010.建筑立面垂直绿化设计手法初探 [D].重庆：重庆大学 .

闫明慧，万开元，陈防，2014.中国主要城市宿根花卉应用现状 [J].农学学报，4（6）：53–58.

闫玉洁，2010.观赏植物在室内景观设计中的应用研究 [D].保定：河北农业大学 .

杨秀珍，王兆龙，2010.园林草坪与地被 [M].北京：中国林业出版社 .

尹豪，2010.北京地区立体花坛植物材料的应用与发展 [A].// 住房和城乡建设部、国际风景园林师联合会 .
和谐共荣——传统的继承与可持续发展：中国风景园林学会 2010 年会论文集（下册）[C].

余金良，王恩，朱春艳，等，2016.植物专类园的改造——以杭州植物园槭树杜鹃园的提升建设为例 [J].
浙江园林（2）：28–32.

臧德奎，金荷仙，于东明，2007.我国植物专类园的起源与发展 [J].中国园林（6）：62–65.

章丹峰，陈军，王俊萍，2008.植物专类园规划建设和改造策略初探——以杭州植物园木兰山茶园为例 [J].
黑龙江农业科学（6）：103–105.

周娟，2015.泰安市室内盆栽花卉应用状况的调查与分析 [D].泰安：山东农业大学 .